Grundzüge der Globalen Optimierung

Oliver Stein

Grundzüge der Globalen Optimierung

2. Auflage

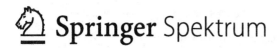 Springer Spektrum

Oliver Stein
Institut für Operations Research (IOR)
Karlsruher Institut für Technologie (KIT)
Karlrsuhe, Deutschland

ISBN 978-3-662-62533-0   ISBN 978-3-662-62534-7   (eBook)
https://doi.org/10.1007/978-3-662-62534-7

Die Deutsche Nationalbibliothek verzeichnet diese Publikation in der Deutschen Nationalbibliografie;
detaillierte bibliografische Daten sind im Internet über http://dnb.d-nb.de abrufbar.

Planung/Lektorat: Annika Denkert
Springer Spektrum ist ein Imprint der eingetragenen Gesellschaft Springer-Verlag GmbH, DE und ist ein Teil
von Springer Nature.
Die Anschrift der Gesellschaft ist: Heidelberger Platz 3, 14197 Berlin, Germany

Don't panic.

(Douglas Adams)

Vorwort

Dieses Lehrbuch ist aus dem Skript zu meiner Vorlesung „Globale Optimierung I und II" entstanden, die ich am Karlsruher Institut für Technologie seit 2008 jährlich halte. Die Adressaten dieser Vorlesung sind in erster Linie Studierende des Wirtschaftsingenieurwesens im Bachelor-Vertiefungsprogramm. Im vorliegenden Lehrbuch spiegelt sich dies darin wider, dass mathematische Sachverhalte zwar stringent behandelt, aber erheblich ausführlicher motiviert und illustriert werden als in einem Lehrbuch für einen rein mathematischen Studiengang. Das Buch richtet sich daher an Studierende, die mathematisch fundierte Verfahren in ihrem Studiengang verstehen und anwenden möchten, wie dies etwa in den Natur-, Ingenieur- und Wirtschaftswissenschaften der Fall ist. Da die ausführlichere Motivation naturgemäß auf Kosten des Stoffumfangs geht, beschränkt dieses Buch sich auf die Darstellung von *Grundzügen* der globalen Optimierung.

Gegenstand ist die Behandlung globaler Minimierungs- oder Maximierungsmodelle mit nichtlinearen Zielfunktionen unter nichtlinearen Nebenbedingungen, wie sie in Anwendungsdisziplinen sehr oft auftreten. Dabei besteht häufig das Problem, dass numerische Lösungsverfahren effizient *lokale* Optimalpunkte finden können, während *globale* Optimalpunkte viel schwerer zu identifizieren sind. Dies entspricht der Tatsache, dass man mit lokalen Suchverfahren zwar gut den Gipfel des nächstgelegenen Berges finden kann, die Suche nach dem Gipfel des Mount Everest aber eher aufwendig ist.

Bevor man sich der theoretischen und algorithmischen Identifizierung von globalen Optimalpunkten zuwendet, ist es allerdings wichtig zu klären, ob ein Optimierungsproblem überhaupt Optimalpunkte besitzt. Das einführende Kap. 1 geht neben grundlegender Terminologie und Notation daher ausführlich auf die verschiedenen Arten von Unlösbarkeit sowie auf möglichst schwache hinreichende Bedingungen für Lösbarkeit ein.

Kap. 2 diskutiert, wie sich globale Minimalpunkte von glatten konvexen Optimierungsproblemen bestimmen lassen, denn für sie lassen sich nicht nur starke theoretische Resultate, sondern auch effiziente Algorithmen angeben. Ein zentrales Resultat für konvexe Optimierungsprobleme besteht darin, dass jeder lokale Minimalpunkt notwendigerweise auch globaler Minimalpunkt sein muss. Für die globale Lösung konvexer Optimierungsprobleme genügen daher beispielsweise Verfahren der lokalen

Optimierung [33]. Da sie in diesem Sinne „einfach" ist, wird die konvexe Optimierung häufig nicht dem Gebiet der globalen Optimierung zugeordnet, die sich dann ihrerseits auf die Lösung von „schweren" nichtkonvexen Optimierungsproblemen konzentriert. Dieses Lehrbuch setzt zur Lösung von nichtkonvexen Problemen in Kap. 3 aber Techniken der konvexen Optimierung aus Kap. 2 ein, was den gewählten Aufbau erklärt. Im Kap. 3 wird als exemplarisches und praktisch umsetzbares Verfahren der globalen Optimierung ein auf Intervallarithmetik basierendes Branch-and-Bound-Verfahren hergeleitet.

Dieses Lehrbuch kann als Grundlage einer vierstündigen Vorlesung dienen. Es stützt sich teilweise auf Darstellungen der Autoren M.S. Bazaraa, H.D. Sherali und C.M. Shetty [4], C.A. Floudas [9], O. Güler [13], J.-B. Hiriart-Urruty und C. Lemaréchal [18], R. Horst und H. Tuy [20] sowie H.Th. Jongen, K. Meer und E. Triesch [23], die auch viele über dieses Buch hinausgehende Fragestellungen behandeln. Zu Grundlagen der (lokalen) nichtlinearen Optimierung sei auf [33] und zu allgemeinen Grundlagen der Optimierung auf [28] verwiesen.

An dieser Stelle möchte ich Frau Dr. Annika Denkert vom Springer-Verlag herzlich für die Einladung danken, dieses Buch zu publizieren. Frau Bianca Alton und Frau Regine Zimmerschied danke ich für die sehr hilfreiche Zusammenarbeit bei der Gestaltung des Manuskripts und beim Copy Editing. Ein großer Dank gilt außerdem meinen Mitarbeitern Dr. Tomäs Bajbar, Dr. Peter Kirst, Dr. Robert Mohr, Christoph Neumann, Dr. Marcel Sinske, Dr. Paul Steuermann und Dr. Nathan Sudermann-Merx sowie zahlreichen Studierenden, die mich während der Entwicklung dieses Lehrmaterials auf inhaltliche und formale Verbesserungsmöglichkeiten aufmerksam gemacht haben. Der vorliegende Text wurde in LaTeX2e gesetzt. Die Abbildungen stammen aus *Xfig* oder wurden als Ausgabe von *Matlab* erzeugt.

In kleinerem Schrifttyp gesetzter Text bezeichnet Material, das zur Vollständigkeit angegeben ist, beim ersten Lesen aber übersprungen werden kann.

Die vorliegende zweite Auflage enthält neben einer Reihe redaktioneller Änderungen und Korrekturen an einigen Stellen Aktualisierungen des präsentierten Stoffs.

Karlsruhe   Oliver Stein
im Juli 2020

Inhaltsverzeichnis

Einführung

Inhaltsverzeichnis

Die endlichdimensionale kontinuierliche Optimierung behandelt die Minimierung oder Maximierung einer Zielfunktion in einer endlichen Anzahl kontinuierlicher Entscheidungsvariablen. Wichtige Anwendungen finden sich nicht nur bei linearen Modellen (wie in einfachen Modellen zur Gewinnmaximierung in Produktionsprogrammen oder bei Transportproblemen [28]), sondern auch bei diversen nichtlinearen Modellen aus Natur-, Ingenieur- und Wirtschaftswissenschaften. Dazu gehören geometrische Probleme, mechanische Probleme, Parameter-Fitting-Probleme, Schätzprobleme, Approximationsprobleme, Datenklassifikation und Sensitivitätsanalyse. Als Lösungswerkzeug benutzt man sie außerdem bei nichtkooperativen Spielen [35], in der robusten Optimierung [35] oder bei der Relaxierung diskreter und gemischt-ganzzahliger Optimierungsprobleme [32].

Das vorliegende einführende Kapitel motiviert in Abschn. 1.1 zunächst die grundlegende Terminologie und Notation von Optimierungsproblemen anhand diverser Beispiele. Abschn. 1.2 widmet sich danach ausführlich der Frage, unter welchen Voraussetzungen Optimierungsprobleme überhaupt lösbar sind und welche Arten von Unlösbarkeit auftreten können. Abschließend stellt Abschn. 1.3 einige Rechenregeln und Umformungen für Optimierungsprobleme bereit, die im Rahmen dieses Lehrbuchs eine Rolle spielen.

1.1   Beispiele und Begriffe

In der Optimierung vergleicht man verschiedene Alternativen bezüglich eines Zielkriteriums und sucht unter allen betrachteten Alternativen eine beste. Als Beispiel kann man fragen, wer in einer Gruppe von Personen die meisten Münzen bei sich trägt. Die Alternativen sind dann die einzelnen Personen, und das Zielkriterium ist die Anzahl der Münzen, die eine Person bei sich trägt. Dieses Zielkriterium soll maximiert werden.

Ein anderes Beispiel ist ein Navigationssystem, das zwischen zwei Orten eine kürzeste Straßenverbindung bestimmt. Die Alternativen sind mögliche Straßenverbindungen, und das Zielkriterium ist ihre jeweilige Länge. Sie ist zu minimieren.

Die Menge der betrachteten Alternativen bezeichnen wir als *zulässige Menge M*. Beispielsweise kann man beim Münzproblem nur bestimmte Personen betrachten, etwa diejenigen in einer Altersstufe oder diejenigen eines Geschlechts. Analog kann man beim Navigationssystem etwa nur Straßenverbindungen betrachten, die keine Mautstrecken oder Feldwege enthalten.

Da ein Zielkriterium jeder Alternative x aus M eine Zahl zuordnet, ist es aus mathematischer Sicht eine Funktion f von der Menge M in die Menge der reellen Zahlen $\mathbb{R}$, kurz

$$f : M \to \mathbb{R}, \quad x \mapsto f(x).$$

Diese Funktion nennen wir *Zielfunktion*.

Die Aufgabe, die Funktion f über der Menge M zu minimieren, schreiben wir als Optimierungsproblem in der Form

$$P : \quad \min \ f(x) \quad \text{s.t.} \quad x \in M$$

auf. Das Kürzel s.t. steht dabei für das englische *subject to* (oder auch *so that*) und deutet in der Formulierung von P an, dass ab hier die Beschreibung der zulässigen Menge folgt. Ein Maximierungsproblem würde man analog in der Form

$$P : \quad \max \ f(x) \quad \text{s.t.} \quad x \in M$$

schreiben. Wir werden aber sehen, dass es genügt, nur Minimierungsprobleme behandeln zu können.

Eine Alternative $\bar{x} \in M$ heißt *optimal* für P, wenn keine Alternative $x \in M$ einen besseren Zielfunktionswert besitzt. Bei Minimierungsproblemen bedeutet dies gerade, dass die Ungleichung $f(x) \geq f(\bar{x})$ für alle $x \in M$ erfüllt ist, und bei Maximierungsproblemen kehrt sich diese Ungleichung um. Der zugehörige *optimale Wert* von P ist die Zahl $v = f(\bar{x})$.

Häufig werden wir den optimalen Wert eines Minimierungsproblems auch in der Schreibweise

$$v = \min_{x \in M} f(x)$$

angeben. Dabei ist das „min" im obigen Optimierungsproblem P als die *Aufgabe* zu verstehen, f über M zu minimieren, während das „min" im Optimalwert v eine *Zahl* bezeichnet.

Beim Münzproblem ist der optimale Wert die gefundene größtmögliche Anzahl von Münzen. Er ist eindeutig bestimmt. Im Gegensatz dazu können durchaus mehrere Personen diese Anzahl von Münzen bei sich tragen. Demnach ist die Alternative $\bar{x}$ (hier: die Person), an der der optimale Wert angenommen wird, nicht notwendigerweise eindeutig.

Dies gilt analog bei jedem Optimierungsproblem. So liefert ein Navigationssystem nicht nur die Länge eines kürzesten Weges zwischen zwei Orten, sondern auch eine Möglichkeit, diese Länge zu realisieren, nämlich eine Straßenverbindung als optimale Alternative. Während die kürzestmögliche Länge als optimaler Wert eindeutig ist, kann es durchaus mehrere Möglichkeiten geben, diese beste Länge durch eine Straßenverbindung zu realisieren.

Im Gegensatz zum Münzproblem und zum Navigationssystem, in denen nur endlich viele (wenn auch gegebenenfalls sehr viele) zulässige Alternativen verglichen werden, zeichnet die *kontinuierliche* Optimierung sich dadurch aus, dass M ein ganzes *Kontinuum* an zulässigen Alternativen enthalten kann, also insbesondere unendlich viele Alternativen. In der endlichdimensionalen kontinuierlichen Optimierung betrachten wir Modelle, bei denen M eine Teilmenge des endlichdimensionalen euklidischen Raums $\mathbb{R}^n$ ist (während M beispielsweise bei Problemen der Optimalsteuerung Teilmenge eines Funktionenraums ist, also unendlichdimensional). Da sich die Alternativen $x \in M \subseteq \mathbb{R}^n$ als Punkte im n-dimensionalen Raum interpretieren lassen, werden wir sie ab jetzt nicht mehr als Alternativen bezeichnen, sondern als Punkte. Insbesondere wird die „Lösung" eines Optimierungsproblems P immer in der Angabe eines *optimalen Punkts* $\bar{x} \in M$ und des zugehörigen *optimalen Werts* $v = f(\bar{x})$ bestehen.

1.1.1 Beispiel (Projektion auf eine Menge)

Für eine Menge $M \subseteq \mathbb{R}^n$ und einen Punkt $z \in \mathbb{R}^n$ seien der (euklidische) Abstand von z zu M gesucht sowie ein Punkt $\bar{x}$ in M, der am nächsten an z liegt (Abb. 1.1). Die Formulierung als Optimierungsproblem lautet

$$P: \quad \min_{x} \|x - z\|_2 \quad \text{s.t.} \quad x \in M.$$

Die Zielfunktion lautet hier $f(x, z) = \|x - z\|_2$, wobei die Variablen x und z unterschiedliche Rollen spielen: Über die Wahl von x möchten wir *entscheiden*, während z

Abb. 1.1 Projektion auf eine Menge in $\mathbb{R}^2$

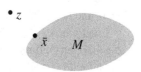

exogen gegeben ist. Die Variable x wird daher *Entscheidungsvariable* und z *Parameter* genannt. Um die Entscheidungsvariable klar zu kennzeichnen, kann man sie in der Formulierung von P wie oben durch die Schreibweise $\min_x$ hervorheben. Wenn man bei dieser Gelegenheit auch die Dimension von x verdeutlichen möchte, kann man auch $\min_{x \in \mathbb{R}^n}$ schreiben.

Jeden optimalen Punkt $\bar{x}$ von P nennen wir *Projektion von z auf M*. Wenn ein optimaler Punkt $\bar{x}$ gefunden ist, berechnet sich der optimale Wert (hier also der Abstand von z zu M) einfach durch Einsetzen von $\bar{x}$ in die Zielfunktion $f(x, z) = \|x - z\|_2$ zu $v = \|\bar{x} - z\|_2$.

Falls wir daran interessiert wären, die Abhängigkeit von Optimalpunkt $\bar{x}$ und Optimalwert v vom Parameter z zu untersuchen, würden wir diese explizit als Funktionen $\bar{x}(z)$ und $v(z)$ notieren. Auch wäre es dann angebracht, das Optimierungsproblem P genauer als $P(z)$ zu bezeichnen. Da wir diese Parameterabhängigkeiten im Folgenden aber nicht untersuchen wollen und stattdessen auf [35] verweisen, notieren wir die entsprechenden funktionalen Abhängigkeiten auch nicht explizit.

Anstelle der in Anwendungen typischen Wahl der euklidischen Norm kann man im Projektionsproblem auch jede andere Norm zur Abstandsmessung benutzen. Dies kann zum Beispiel geometrische Gründe haben und führt im Allgemeinen zu anderen Ergebnissen für die Projektion. Zur Abgrenzung spricht man bei der Wahl der euklidischen Norm auch von *orthogonaler* Projektion.

Um ein Optimierungsproblem P algorithmisch behandeln zu können, muss neben der Zielfunktion auch die zulässige Menge M explizit angegeben sein. In Beispiel 1.1.1 ist die Menge M hingegen nur *abstrakt* gegeben. Zur expliziten Beschreibung einer Menge M sind verschiedene Möglichkeiten denkbar, bei zweidimensionalen Mengen beispielsweise eine Bitmap oder die Angabe ihrer Berandung als Polygonzug. Diese Ansätze sind allerdings nicht oder nur sehr schwer auf höherdimensionale Probleme übertragbar.

Stattdessen beschreibt man die zulässigen Mengen von Optimierungsproblemen üblicherweise mit Hilfe von Gleichungs- und Ungleichungsrestriktionen an x. Für den einfachsten Fall, nämlich die Beschreibung von M durch eine einzige lineare Gleichung, modifizieren wir Beispiel 1.1.1. ◄

1.1.2 Beispiel (Projektion auf eine Hyperebene)

In Beispiel 1.1.1 sei M durch eine einzige lineare Gleichung beschrieben, also als

$$M = \{x \in \mathbb{R}^n \,|\, a^\mathsf{T} x = b\}$$

mit $a \neq 0$. Dann bezeichnet man M als *Hyperebene*. Im Fall $n = 3$ sind Hyperebenen Ebenen und im Fall $n = 2$ Geraden (Abb. 1.2). Der Vektor a steht dabei stets senkrecht zu M und heißt daher auch *Normalenvektor*.

Liegt eine explizite Beschreibung von M durch Restriktionen vor, so genügt es, im zugehörigen Optimierungsproblem P anstelle von M diese Restriktionen anzugeben. Um einen Punkt $z \in \mathbb{R}^n$ auf die Hyperebene M zu projizieren, müssen wir also das Problem

Abb. 1.2 Projektion auf eine
Gerade

$$P : \quad \min_{x \in \mathbb{R}^n} \|x - z\|_2 \quad \text{s.t.} \quad a^\mathsf{T} x = b$$

lösen (d. h. den optimalen Wert und einen optimalen Punkt angeben).

Dies ist für allgemeine Optimierungsprobleme auch dann nicht immer explizit möglich, wenn M mit Hilfe von Restriktionen angegeben ist. Im vorliegenden Beispiel wird uns dies mit den Techniken aus Kap. 2 aber gelingen: Der eindeutige optimale Punkt berechnet sich zu

$$\bar{x} = z - \frac{a^\mathsf{T} z - b}{a^\mathsf{T} a} \cdot a,$$

und der zugehörige optimale Wert ist

$$v = \left\| \left(z - \frac{a^\mathsf{T} z - b}{a^\mathsf{T} a} \cdot a \right) - z \right\|_2 = \frac{|a^\mathsf{T} z - b|}{\|a\|_2}$$

(Beispiel 2.7.11). Speziell für den Fall $z = 0$ bezeichnet man $\bar{x} = (b/a^\mathsf{T} a)a$ als *norm-minimale Lösung* der Gleichung $a^\mathsf{T} x = b$. Dieses Konzept lässt sich in einfacher Weise auch auf unterbestimmte *Systeme* von Gleichungen übertragen. ◀

Ein Beispiel für einen nicht eindeutigen optimalen Punkt im Projektionsproblem ist in Abb. 1.3 gegeben. Hier besitzen sowohl $\bar{x}$ als auch $\tilde{x}$ unter allen Punkten der Menge M minimalen Abstand von z, es gibt also zwei verschiedene Projektionen von z auf M.

Verschiebt man in Abb. 1.3 den Punkt z in Richtung $\bar{x}$, so wird $\bar{x}$ eindeutiger Minimalpunkt. Der Punkt $\tilde{x}$ behält allerdings die Eigenschaft, dass es in einer hinreichend kleinen Umgebung U um $\tilde{x}$ keine Punkte in M gibt, die näher an z liegen als $\tilde{x}$ (Abb. 1.4). Man unterscheidet diese beiden Situationen, indem man $\bar{x}$ *globalen* Minimalpunkt und $\tilde{x}$ *lokalen* Minimalpunkt nennt.

Abb. 1.3 Nicht eindeutiger
optimaler Punkt

Abb. 1.4 Lokaler und globaler
Minimalpunkt

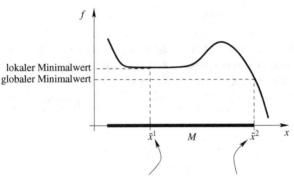

lokaler Minimalwert
globaler Minimalwert

nicht strikter lokaler Minimalpunkt   strikter globaler Minimalpunkt

Abb. 1.5 Lokale und globale Minimalität

Diese wichtige Unterscheidung hält die folgende Definition formal fest (Abb. 1.5).

1.1.3 Definition (Minimalpunkte und Minimalwerte)
Gegeben seien eine Menge von zulässigen Punkten $M \subseteq \mathbb{R}^n$ und eine Zielfunktion
$f : M \to \mathbb{R}$.

a) $\bar{x} \in M$ heißt *lokaler Minimalpunkt* von f auf M, falls eine Umgebung U von $\bar{x}$ mit

$$\forall x \in U \cap M : \quad f(x) \geq f(\bar{x})$$

existiert.

b) $\bar{x} \in M$ heißt *globaler Minimalpunkt* von f auf M, falls man in Teil a $U = \mathbb{R}^n$
wählen kann.

c) Ein lokaler oder globaler Minimalpunkt heißt *strikt*, falls in Teil a bzw. Teil b für
$x \neq \bar{x}$ sogar die strikte Ungleichung $>$ gilt.

d) Zu jedem globalen Minimalpunkt $\bar{x}$ heißt $f(\bar{x})$ $(= v = \min_{x \in M} f(x))$ *globaler
Minimalwert*, und zu jedem lokalen Minimalpunkt $\bar{x}$ heißt $f(\bar{x})$ *lokaler Minimalwert*.

Zur Definition von Minimalpunkten und -werten merken wir Folgendes an:

- Damit die Forderung $f(x) \geq f(\bar{x})$ sinnvoll ist, muss der Bildbereich von f geordnet sein. Zum Beispiel ist die Minimierung von $f : \mathbb{R}^n \to \mathbb{R}^2$ zunächst nicht sinnvoll. Allerdings befasst sich das Gebiet der *Mehrzieloptimierung* damit, wie man solche Probleme trotzdem behandeln kann (für eine kurze Einführung s. z. B. [28]).
- Jeder globale Minimalpunkt ist auch lokaler Minimalpunkt.
- Strikte globale Minimalpunkte sind eindeutig, und strikte lokale Minimalpunkte sind lokal eindeutig.
- Lokale und globale *Maximalpunkte* sind analog definiert. Da die Maximalpunkte von f genau die Minimalpunkte von $-f$ sind, reicht es, Minimierungsprobleme zu betrachten. Achtung: Dabei ändert sich allerdings das Vorzeichen des Optimalwerts, denn es gilt $\max f(x) = -\min(-f(x))$. Dies wird in Abb. 1.6 illustriert und in Übung 1.1.4 sowie etwas allgemeiner in Übung 1.3.1 bewiesen.
- Wegen der ähnlichen Notation besteht eine Verwechslungsgefahr zwischen dem Minimal*wert* $\min_{x \in M} f(x)$ und der zugrunde liegenden Minimierungs*aufgabe* P (s. Diskussion zu Beginn dieses Abschnitts).

1.1.4 Übung Gegeben seien eine Menge von zulässigen Punkten $M \subseteq \mathbb{R}^n$ und eine Zielfunktion $f : M \to \mathbb{R}$. Zeigen Sie:

a) Die globalen Maximalpunkte von f auf M sind genau die globalen Minimalpunkte von $-f$ auf M.
b) Sofern f globale Maximalpunkte besitzt, gilt für den globalen Maximalwert

$$\max_{x \in M} f(x) = -\min_{x \in M} (-f(x)).$$

Abb. 1.6 Maximierung von f durch Minimierung von $-f$

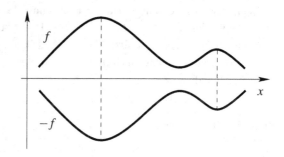

1.1.5 Beispiel (Zentrum einer Punktewolke)

Gegeben seien Punkte $x^1, x^2, \ldots, x^m \in \mathbb{R}^n$ (d. h. $x^i = \left(x_1^i, \ldots, x_n^i\right)^\mathsf{T}$, $i = 1, \ldots, m$). Gesucht ist ein Punkt $z \in \mathbb{R}^n$ „im Zentrum der $x^1, x^2, \ldots, x^m$" (Abb. 1.7).

Dazu ist zunächst zu klären, wie man „Zentrum" definieren soll. Eine naheliegende Forderung ist, dass sich für einen Zentrumspunkt z die auftretenden Abstände $\|z - x^1\|_2$, $\|z - x^2\|_2$, …, $\|z - x^m\|_2$ alle gleichzeitig nahe bei null befinden. Würde man aber jeden einzelnen dieser Ausdrücke separat minimieren, erhielte man ein Mehrzielproblem mit m Zielfunktionen. Stattdessen nutzt man die Definitheit und Stetigkeit von Normen aus, nach denen sich die genannten einzelnen Ausdrücke alle gleichzeitig nahe bei null befinden, falls die Norm ihres Vektors

$$\left\| \begin{pmatrix} \|z - x^1\|_2 \\ \vdots \\ \|z - x^m\|_2 \end{pmatrix} \right\|_2$$

möglichst klein ist (also eine einzige Funktion). Dies führt auf das Optimierungsproblem

$$P : \min_{z \in \mathbb{R}^n} \left\| \begin{pmatrix} \| z - x^1 \|_2 \\ \vdots \\ \| z - x^m \|_2 \end{pmatrix} \right\|_2.$$

Nunmehr ist z die Entscheidungsvariable, und die Punkte $x^1, x^2, \ldots, x^m$ könnte man bei Bedarf als Parameter auffassen (was hier nicht der Fall ist, so dass wir diese Abhängigkeit auch nicht explizit notieren). P besitzt offenbar keine Nebenbedingungen. Als Optimalpunkt (zur Technik dafür s. Abschn. 2.4) berechnet man das arithmetische Mittel der Punkte:

$$\bar{z} = \frac{1}{m} \sum_{i=1}^m x^i.$$

In manchen Anwendungen kann es auch sinnvoll sein, z als einen der Punkte $x^1, x^2, \ldots, x^m$ zu wählen, um diesen als „typischen" Punkt betrachten zu können. Das zugehörige Optimierungsproblem besitzt dann die Restriktion $z \in \{x^1, x^2, \ldots, x^m\}$ und fällt damit in die Klasse der diskreten Optimierungsprobleme, die wir im Rahmen dieses Lehrbuchs nicht behandeln. ◄

Abb. 1.7 Punktewolke

Abb. 1.8 Ausreißer x^1 und verschiedene Zentren

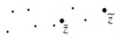

Ein Problem des Ansatzes in Beispiel 1.1.5 besteht darin, dass Ausreißer bei wachsender Punkteanzahl m zunehmend vernachlässigt werden. Dies kann erwünscht sein (z. B. wenn man von Messfehlern in den Punkten ausgehen muss) oder auch unerwünscht (z. B. wenn die Punkte geographisch Orten entsprechen und abgelegene Orte gleichberechtigt behandelt werden sollen; Abb. 1.8).

Dies lässt sich durch Wahl einer anderen (äußeren) Norm verhindern, zum Beispiel der Maximumsnorm

$$\|a\|_\infty = \max_{i=1,..,n} |a_i|$$

für $a \in \mathbb{R}^n$ (auch ℓ_∞-Norm genannt). Durch Wahl dieser Norm kann man das Zentrum $\widetilde{z}$ als Mittelpunkt einer möglichst kleinen Kugel auffassen, die alle x^i enthält. Um dies einzusehen, führen wir den Epigraphen einer Funktion ein, der uns auch in anderen Zusammenhängen gute Dienste leisten wird. In seiner sowie einigen späteren Definitionen werden wir den Definitionsbereich von f nicht mit M, sondern mit X bezeichnen, da er nicht unbedingt die zulässige Menge eines Optimierungsproblems sein muss.

1.1.6 Definition (Epigraph)
Für $X \subseteq \mathbb{R}^n$ und $f : X \to \mathbb{R}$ heißt die Menge

$$\text{epi}(f, X) = \{(x, \alpha) \in X \times \mathbb{R}|\ f(x) \le \alpha\}$$

Epigraph von f auf X.

Der Epigraph besteht aus dem Graphen von f auf X sowie allen darüberliegenden Punkten (Abb. 1.9). Man sieht leicht ein (Übung 1.3.7), dass man einen Minimalpunkt von f auf einer zulässigen Menge M dadurch finden kann, dass man im Epigraphen von f auf M einen Punkt (x, α) mit minimaler α-Komponente sucht. Das Problem

$$P: \quad \min_x\ f(x) \quad \text{s.t.} \quad x \in M$$

ist in diesem Sinne also äquivalent zu

Abb. 1.9 Epigraph von f auf X

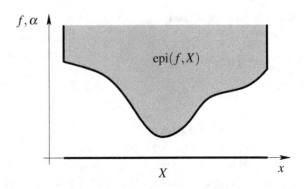

$$P_{\text{epi}} : \quad \min_{(x,\alpha)} \; \alpha \quad \text{s.t.} \quad f(x) \le \alpha, \quad x \in M.$$

Diese *Epigraphumformulierung* von P kann beispielsweise dann Vorteile haben, wenn die Funktion f selbst das Maximum anderer Funktionen ist (Beispiel 1.1.7) oder wenn man gezwungen ist, eine lineare Zielfunktion zu benutzen (z. B. Abschn. 2.8.4 und Übung 3.2.6).

1.1.7 Beispiel (Zentrum einer Punktewolke – Fortsetzung 1)

Im Fall des Zentrums einer Punktewolke aus Beispiel 1.1.5 mit Maximumsnorm als äußerer Norm gilt

$$P : \quad \min_{z \in \mathbb{R}^n} \left\| \begin{pmatrix} \| z - x^1 \|_2 \\ \vdots \\ \| z - x^m \|_2 \end{pmatrix} \right\|_\infty ,$$

also $M = \mathbb{R}^n$ und

$$f(z) = \max_{i=1,\dots,m} \| z - x^i \|_2 .$$

Als Epigraphumformulierung erhält man das äquivalente Problem

$$P_{\text{epi}} : \quad \min_{(z,\alpha)} \; \alpha \quad \text{s.t.} \quad f(z) \le \alpha ,$$

wobei die Nebenbedingung von P_{epi} ausgeschrieben

$$\max_{i=1,\dots,m} \|z - x^i\|_2 \le \alpha$$

lautet. Da das Maximum von m Zahlen genau dann unter der Schranke α liegt, wenn alle m Zahlen unter α liegen, lässt sich diese Restriktion äquivalent zu

$$\|z - x^i\|_2 \le \alpha, \quad i = 1, \dots, m,$$

umformulieren und wir erhalten die Äquivalenz von P zu

$$P_{\text{epi}}: \quad \min_{(z,\alpha)} \alpha \quad \text{s.t.} \quad \| z - x^i \|_2 \le \alpha, \quad i = 1, \dots, m.$$

Fasst man α als Radius auf, so versucht man also, die Kugel mit Mittelpunkt $\tilde{z}$ und minimalem Radius $\tilde{\alpha}$ zu finden, die alle Punkte $x^1, \dots, x^m$ enthält. ◄

1.1.8 Beispiel (Clusteranalyse)

Falls in Beispiel 1.1.5 zu vermuten ist, dass sich die Punkte $x^1, x^2, \dots, x^m$ an q Stellen „häufen", kann man versuchen, „q Zentren gleichzeitig" zu bestimmen (Abb. 1.10).

Nennt man die Zentren $z^1, \dots, z^q$, dann gibt es zu jedem z^ℓ ein Cluster C^ℓ, $\ell = 1, \dots, q$, das aus den nächstliegenden Punkten besteht. Eine entscheidende Frage ist, zu welchem Cluster ein Punkt x^i gehört.

Der Index dieses Clusters sei $\ell(i)$. Dann gilt $x^i \in C^{\ell(i)}$ genau dann, wenn x^i von $z^{\ell(i)}$ einen kleineren Abstand hat als von allen anderen z^ℓ, d. h. wenn

$$\| z^{\ell(i)} - x^i \| = \min_{\ell=1,\dots,q} \| z^\ell - x^i \|$$

gilt.

Die im Problem der Clusteranalyse auftretenden Abstände sind also $\|z^{\ell(i)} - x^i\|$, $i = 1, \dots, m$, und das zugehörige Optimierungsproblem lautet

$$P: \quad \min_{z^1,\dots,z^q \in \mathbb{R}^n} f(z^1, \dots, z^q)$$

Abb. 1.10 Zwei Cluster

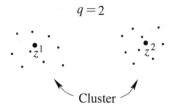

$q = 2$

Cluster

mit der Zielfunktion

$$f(z^1, \ldots, z^q) = \left\| \begin{pmatrix} \|z^{\ell(1)} - x^1\| \\ \vdots \\ \|z^{\ell(m)} - x^m\| \end{pmatrix} \right\| = \left\| \begin{pmatrix} \min_{\ell=1,\ldots,q} \|z^\ell - x^1\| \\ \vdots \\ \min_{\ell=1,\ldots,q} \|z^\ell - x^m\| \end{pmatrix} \right\|.$$

Als „äußere" Norm benutzt man häufig die ℓ_1-Norm ($\|a\|_1 = \sum_{i=1}^n |a_i|$ für $a \in \mathbb{R}^n$), so dass P die Form

$$P_1: \quad \min_{z^1,\ldots,z^q \in \mathbb{R}^n} \sum_{i=1}^m \min_{\ell=1,\ldots,q} \| z^\ell - x^i \|$$

erhält, oder auch die ℓ_∞-Norm mit

$$P_\infty: \quad \min_{z^1,\ldots,z^q \in \mathbb{R}^n} \max_{i=1,\ldots,m} \min_{\ell=1,\ldots,q} \| z^\ell - x^i \|.$$

◄

In jedem Fall besitzt der Vektor der Entscheidungsvariablen im Problem der Clusteranalyse die Dimension $n \cdot q$, so dass in praktisch relevanten Anwendungen häufig hochdimensionale Probleme auftreten.

Die numerische Lösung solcher Probleme zu globaler Optimalität gilt aber nicht nur wegen der gegebenenfalls auftretenden Hochdimensionalität als sehr schwer, sondern insbesondere aufgrund der „Minimumsstruktur" in der Zielfunktion, die zu Nichtkonvexität führt (Kap. 2).

1.2   Lösbarkeit

Ob ein Optimierungsproblem überhaupt optimale Punkte besitzt, liegt nicht immer auf der Hand und muss bei vielen Lösungsverfahren vorab vom Anwender selbst geprüft werden. Damit befasst sich der vorliegende Abschnitt. Nach der Definition des Lösbarkeitsbegriffs in Abschn. 1.2.1 klärt Abschn. 1.2.2 zunächst, welche Arten von Unlösbarkeit auftreten können. Mit dem Satz von Weierstraß formuliert Abschn. 1.2.3 die zentrale hinreichende Bedingung für die Lösbarkeit von Optimierungsproblemen. Da seine Voraussetzung einer beschränkten und abgeschlossenen zulässigen Menge allerdings in vielen Anwendungen verletzt ist, geben Abschn. 1.2.4 und 1.2.5 Abwandlungen dieser Bedingungen für unbeschränkte bzw. nicht abgeschlossene zulässige Mengen an.

1.2.1 Definition der Lösbarkeit

Ohne irgendwelche Voraussetzungen an die Menge $M \subseteq \mathbb{R}^n$ und die Funktion $f : M \to \mathbb{R}$ lässt sich jedem Minimierungsproblem

$$P : \quad \min f(x) \text{ s.t. } x \in M$$

ein „verallgemeinerter Minimalwert" zuordnen, nämlich das *Infimum* von f auf M. Um es formal einzuführen, bezeichnen wir $\alpha \in \mathbb{R}$ als *untere Schranke* für f auf M, falls

$$\forall \, x \in M : \quad \alpha \le f(x)$$

gilt. Das Infimum von f auf M ist die *größte* untere Schranke von f auf M, es gilt also $v = \inf_{x \in M} f(x)$, falls

- $v \le f(x)$ für alle $x \in M$ gilt (d. h., v ist selbst untere Schranke von f auf M) und
- $\alpha \le v$ für alle unteren Schranken α von f auf M gilt.

Analog wird das *Supremum* $\sup_{x \in M} f(x)$ von f auf M als *kleinste obere* Schranke definiert.

1.2.1 Beispiel

Es gilt $\inf_{x \in \mathbb{R}} (x - 5)^2 = 0$ und $\inf_{x \in \mathbb{R}} e^x = 0$. ◄

Falls f auf M nicht nach unten beschränkt ist, setzt man formal

$$\inf_{x \in M} f(x) = -\infty,$$

und für das Infimum über die leere Menge definiert man formal

$$\inf_{x \in \emptyset} f(x) = +\infty$$

(wobei die Gestalt von f dann keine Rolle spielt). Warum diese formalen Setzungen sinnvoll sind, werden wir nach Satz 1.2.9 sehen.

1.2.2 Beispiel

Es gilt $\inf_{x \in \mathbb{R}} (x - 5) = -\infty$ und $\inf_{x \in \emptyset}(x - 5) = +\infty$. ◄

Der „verallgemeinerte Minimalwert" $\inf_{x \in M} f(x)$ von P ist also stets ein Element der *erweiterten reellen Zahlen* $\overline{\mathbb{R}} := \mathbb{R} \cup \{\pm\infty\}$. In der Analysis wird gezeigt (z. B. [17]), dass das so definierte Infimum ohne Voraussetzungen an f und M stets existiert und eindeutig bestimmt ist.

1.2.3 Definition (Lösbarkeit)

Das Minimierungsproblem P heißt *lösbar*, falls ein $\bar{x} \in M$ mit $\inf_{x \in M} f(x) = f(\bar{x})$ existiert.

Lösbarkeit von P bedeutet also, dass das Infimum von f auf M als Zielfunktionswert eines zulässigen Punkts realisiert werden kann, dass also das Infimum *angenommen* wird. Um anzudeuten, dass das Infimum angenommen wird, schreiben wir $\min_{x \in M} f(x)$ anstelle von $\inf_{x \in M} f(x)$.

1.2.4 Beispiel

Es gilt $0 = \min_{x \in \mathbb{R}} (x - 5)^2 = (\bar{x} - 5)^2$ mit $\bar{x} = 5$, aber es gibt kein $\bar{x} \in \mathbb{R}$ mit $0 = \inf_{x \in \mathbb{R}} e^x = e^{\bar{x}}$. ◄

Der folgende Satz besagt (wenig überraschend), dass man zur Lösbarkeit genauso gut die Existenz eines globalen Minimalpunkts fordern kann.

1.2.5 Satz

Das Minimierungsproblem P ist genau dann lösbar, wenn es einen globalen Minimalpunkt besitzt.

Beweis Zunächst sei P lösbar. Dann gibt es ein $\bar{x} \in M$ mit $\min_{x \in M} f(x) = f(\bar{x})$. Als Infimum ist $f(\bar{x})$ eine untere Schranke für f auf M, es gilt also $f(\bar{x}) \leq f(x)$ für alle $x \in M$. Nach Definition 1.1.3 ist $\bar{x}$ demnach globaler Minimalpunkt von f auf M.

Andererseits sei $\bar{x}$ ein globaler Minimalpunkt von f auf M. Dann gilt $\bar{x} \in M$, und $f(\bar{x})$ ist eine untere Schranke für f auf M. Würde es eine größere untere Schranke α für f auf M geben, so hätten wir

$$\forall x \in M: \quad f(\bar{x}) < \alpha \leq f(x),$$

was für $x = \bar{x}$ zu einem Widerspruch führt. Daher ist $f(\bar{x})$ die größte untere Schranke für f auf M, es gilt also $\inf_{x \in M} f(x) = f(\bar{x})$. $\square$

In der Analysis (z. B. [17]) wird folgendes Ergebnis zur Charakterisierung von Infima bewiesen, das wir benutzen werden: Das Infimum einer nichtleeren Menge reeller Zahlen ist genau diejenige ihrer Unterschranken, die sich durch Elemente der Menge beliebig genau approximieren lässt. Für die hier betrachteten Infima von Funktionen auf Mengen bedeutet dies, dass für $M \neq \emptyset$ genau dann $v = \inf_{x \in M} f(x)$ gilt, wenn $v \leq f(x)$ für alle $x \in M$ gilt und wenn eine Folge $(x^k) \subseteq M$ mit $v = \lim_k f(x^k)$ existiert. Dabei schreiben wir hier und im Folgenden kurz (x^k) für eine Folge $(x^k)_{k \in \mathbb{N}}$ sowie $\lim_k$ für $\lim_{k \to \infty}$.

1.2.6 Übung Zeigen Sie für jede nichtleere Menge $M \subseteq \mathbb{R}^n$ und jede Funktion $f : M \to \mathbb{R}$ die Identität

$$\{\alpha \in \mathbb{R} \,|\, \forall x \in M : \alpha \le f(x)\} = \{\alpha \in \mathbb{R} \,|\, \alpha \le \inf_{x \in M} f(x)\}.$$

Wir folgen einer in der mathematischen Literatur üblichen Konstruktion für Verneinungen und benutzen beispielsweise den künstlichen Begriff „nichtleer" anstelle von „nicht leer", damit klar ist, worauf das „nicht" sich bezieht.

1.2.2 Arten von Unlösbarkeit

Bevor wir uns hinreichenden Kriterien für die *Lösbarkeit* von P zuwenden, widmen wir uns zunächst der Frage, welche *Arten von Unlösbarkeit* möglich sind. Dies ist beispielsweise für Algorithmen interessant, die nicht nur P lösen, sondern im Fall der Unlösbarkeit auch eine entsprechende Meldung liefern (etwa der Simplex-Algorithmus der linearen Optimierung [28]).

Dazu betrachten wir die *Parallelprojektion* des Epigraphen

$$\mathrm{epi}(f, M) = \{(x, \alpha) \in M \times \mathbb{R} \,|\, f(x) \le \alpha\}$$

von f auf M auf die „α-Achse". Sie hängt wie folgt mit der orthogonalen Projektion eines Punkts z auf eine Menge M aus Beispiel 1.1.1 zusammen.

1.2.7 Übung Wir bezeichnen mit $\mathrm{pr}(z, M)$ die Menge der orthogonalen Projektionen eines Punkts $z \in \mathbb{R}^n$ auf $M \subseteq \mathbb{R}^n$ und mit

$$\mathrm{pr}(Z, M) = \{\mathrm{pr}(z, M) \,|\, z \in Z\}$$

die orthogonale Projektion einer Menge $Z \subseteq \mathbb{R}^n$ auf M.

Wir betrachten nun den speziellen Fall $M = \mathbb{R}^k \times \{0_\ell\}$ mit $0_\ell \in \mathbb{R}^\ell$ und $k + \ell = n$. Dazu spalten wir den Vektor x auf in $x = (a, b)$ mit $a \in \mathbb{R}^k$ und $b \in \mathbb{R}^\ell$. Zeigen Sie für jede Menge $Z \subseteq \mathbb{R}^n = \mathbb{R}^k \times \mathbb{R}^\ell$ die Identität

$$\mathrm{pr}(Z, \mathbb{R}^k \times \{0_\ell\}) = \{(a, 0_\ell) \in \mathbb{R}^k \times \{0_\ell\} \,|\, \exists\, b \in \mathbb{R}^\ell : (a, b) \in Z\}.$$

Das Unterschlagen der Menge $\{0_\ell\}$ in der Identität für $\mathrm{pr}(Z, \mathbb{R}^k \times \{0_\ell\})$ aus Übung 1.2.7 motiviert die folgende Definition.

1.2.8 Definition (Parallelprojektion)

Für $Z \subseteq \mathbb{R}^n = \mathbb{R}^k \times \mathbb{R}^\ell$ heißt

$$\mathrm{pr}_a(Z) = \{a \in \mathbb{R}^k \mid \exists b \in \mathbb{R}^\ell : (a, b) \in Z\}$$

Parallelprojektion von Z in die (etwas lax als „a-Raum" bezeichnete) Menge $\mathbb{R}^k$.

Die Parallelprojektion von $\mathrm{epi}(f, M)$ auf den „α-Raum" $\mathbb{R}$ lautet also

$$\mathrm{pr}_\alpha \mathrm{epi}(f, M) = \{\alpha \in \mathbb{R} \mid \exists x \in M : f(x) \leq \alpha\}.$$

Abb. 1.11 und 1.12 zeigen die Mengen $\mathrm{pr}_\alpha \mathrm{epi}(f, M)$ für die beiden Optimierungsprobleme aus Beispiel 1.2.1. In Beispiel 1.2.2 haben wir $\mathrm{pr}_\alpha \mathrm{epi}(x - 5, \mathbb{R}) = \mathbb{R}$ und $\mathrm{pr}_\alpha \mathrm{epi}(x - 5, \emptyset) = \emptyset$.

Der folgende Satz besagt, dass $\mathrm{pr}_\alpha \mathrm{epi}(f, M)$ auch allgemein nur eine von genau vier Gestalten besitzen kann, von denen außerdem genau eine der Lösbarkeit von P entspricht.

Abb. 1.11 Die Menge $\mathrm{pr}_\alpha \mathrm{epi}(f, \mathbb{R})$ für $f(x) = (x - 5)^2$

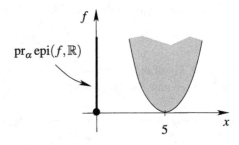

Abb. 1.12 Die Menge $\mathrm{pr}_\alpha \mathrm{epi}(f, \mathbb{R})$ für $f(x) = e^x$

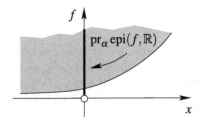

1.2.9 Satz

Für jedes Optimierungsproblem P hat die Menge $\mathrm{pr}_\alpha\mathrm{epi}(f, M)$ *genau eine der vier folgenden Gestalten:*

a) $\mathrm{pr}_\alpha\mathrm{epi}(f, M) = \emptyset$

b) $\mathrm{pr}_\alpha\mathrm{epi}(f, M) = \mathbb{R}$

c) $\mathrm{pr}_\alpha\mathrm{epi}(f, M) = (v, +\infty)$ *mit* $v \in \mathbb{R}$

d) $\mathrm{pr}_\alpha\mathrm{epi}(f, M) = [v, +\infty)$ *mit* $v \in \mathbb{R}$

Ferner ist Fall a zu $M = \emptyset$ *äquivalent, Fall b zur Unbeschränktheit nach unten von f auf M, Fall c dazu, dass das endliche Infimum* $v = \inf_{x \in M} f(x)$ *nicht angenommen wird, und Fall d zur Lösbarkeit von P mit* $v = \min_{x \in M} f(x)$.

Beweis Zur Abkürzung setzen wir $V := \mathrm{pr}_\alpha\mathrm{epi}(f, M)$ und unterscheiden zunächst, ob in P die zulässige Menge M leer ist oder nicht. Für $M = \emptyset$ folgt sofort $V = \emptyset$, so dass gezeigt ist, dass Fall a auftreten kann. Um zu sehen, dass Fall a *nur* für $M = \emptyset$ eintritt, wähle im Fall $M \neq \emptyset$ ein $\bar{x} \in M$ und setze $\bar{\alpha} = f(\bar{x})$. Dann gilt $\bar{\alpha} \in V$ und damit $V \neq \emptyset$.

Im Folgenden sei $M \neq \emptyset$ und damit $V \neq \emptyset$. Wähle ein beliebiges $\alpha \in V$. Dann liegen auch alle $\tilde{\alpha} \geq \alpha$ in V, denn es gibt ein $x \in M$ mit $f(x) \leq \alpha \leq \tilde{\alpha}$. Daraus folgt

$$V \supseteq \bigcup_{\alpha \in V} [\alpha, +\infty).$$

Nun sei f auf M nach unten unbeschränkt. Dann gibt es eine Folge $(x^k) \subseteq M$ mit $f(x^k) \leq -k$ für alle $k \in \mathbb{N}$. Insbesondere gilt $-k \in V$ für alle $k \in \mathbb{N}$ und damit

$$V \supseteq \bigcup_{\alpha \in V} [\alpha, +\infty) \supseteq \bigcup_{k \in \mathbb{N}} [-k, +\infty) = \mathbb{R},$$

also Fall b. Um zu sehen, dass dieser Fall *nur* für auf M nach unten unbeschränktes f auftritt, wähle im Fall einer auf M nach unten beschränkten Funktion f eine Unterschranke $\bar{\alpha} \in \mathbb{R}$ mit $\bar{\alpha} \leq f(x)$ für alle $x \in M$. Wähle nun zu einem beliebigen $\alpha \in V$ ein beliebiges $x \in M$ mit $f(x) \leq \alpha$. Dann gilt $\bar{\alpha} \leq f(x) \leq \alpha$ und demnach $V \subseteq [\bar{\alpha}, +\infty)$. Wegen $\bar{\alpha} \in \mathbb{R}$ schließt dies den Fall b aus.

Im Folgenden sei f auf $M \neq \emptyset$ mit $\bar{\alpha} \in \mathbb{R}$ nach unten beschränkt. Dann ist auch die größte Unterschranke von f auf M eine reelle Zahl, also $v := \inf_{x \in M} f(x) \in \mathbb{R}$, und es existiert eine Folge $(x^k) \subseteq M$ mit $\lim_k f(x^k) = v$, wobei die Folge $(f(x^k))$ ohne Beschränkung der Allgemeinheit als streng monoton fallend angenommen werden kann. Wegen $(f(x^k)) \subseteq V$ folgt

$$[v, +\infty) \supseteq V \supseteq \bigcup_{\alpha \in V} [\alpha, +\infty) \supseteq \bigcup_{k \in \mathbb{N}} [f(x^k), +\infty) = (v, +\infty).$$

Für die Gestalt der Menge V folgen daraus Fall c und d. Falls v als Infimum angenommen wird, gibt es ein $\bar{x} \in M$ mit $f(\bar{x}) = v$, so dass $v \in V$ und damit $V = [v, +\infty)$ gilt, also Fall d. Falls v als Infimum nicht angenommen wird, resultiert analog $v \notin V$ und damit Fall c. $\qquad\square$

Nach Satz 1.2.9 gibt es genau drei Gründe für die Unlösbarkeit von P, nämlich *Inkonsistenz* von P (genauer: von M) in Fall a, die *Unbeschränktheit* von P (genauer: von f auf M) in Fall b und die Tatsache, dass ein *endliches Infimum* (d. h. $v \notin \{\pm\infty\}$) *nicht angenommen wird*, in Fall c.

Insbesondere ist P genau dann unlösbar, wenn $\mathrm{pr}_\alpha \mathrm{epi}(f, M)$ eine offene Menge ist. Da die Mengen in Fall a und b gleichzeitig auch abgeschlossen sind, entfällt die Alternative c für alle Klassen von Optimierungsproblemen, in denen $\mathrm{pr}_\alpha \mathrm{epi}(f, M)$ stets eine abgeschlossene Menge ist. Dies ist beispielsweise in der linearen Optimierung der Fall (da dann $\mathrm{epi}(f, M)$ ein konvexes Polyeder ist und Parallelprojektionen konvexer Polyeder wieder konvexe Polyeder und damit insbesondere abgeschlossen sind; z. B. [39]). Tatsächlich liefert der Simplex-Algorithmus der linearen Optimierung bei Unlösbarkeit entweder die Meldung der Inkonsistenz oder die der Unbeschränktheit von P.

Macht man davon Gebrauch, dass das Infimum $v = \inf_{x \in M} f(x)$ ein Element der erweiterten reellen Zahlen $\overline{\mathbb{R}}$ ist, wird die Klassifikation in Satz 1.2.9 noch übersichtlicher, und außerdem wird der Sinn der formalen Setzungen des Infimums in den Fällen von Inkonsistenz und Unbeschränktheit klar. In den vier Fällen aus Satz 1.2.9 gilt nämlich:

a) $\mathrm{pr}_\alpha \mathrm{epi}(f, M) = (v, +\infty)$ mit $v = +\infty$
b) $\mathrm{pr}_\alpha \mathrm{epi}(f, M) = (v, +\infty)$ mit $v = -\infty$
c) $\mathrm{pr}_\alpha \mathrm{epi}(f, M) = (v, +\infty)$ mit $v \in \mathbb{R}$
d) $\mathrm{pr}_\alpha \mathrm{epi}(f, M) = [v, +\infty)$ mit $v \in \mathbb{R}$

Nach Satz 1.2.9 stimmt v in Fall c und d mit dem Infimum von f auf M überein. Die obige Darstellung erklärt, warum man analog in Fall a $\inf_{x \in \emptyset} f(x) = +\infty$ und in Fall b $\inf_{x \in M} f(x) = -\infty$ setzt. Das *Rechnen* mit diesen erweitert reellen „Zahlen" ist zwar nicht ohne Weiteres möglich, aber später werden Ungleichungen an Infima in den Fällen $v = \pm\infty$ immerhin Sachverhalte motivieren, die wir dann anderweitig beweisen.

Ob Unlösbarkeit tatsächlich problematisch ist, hängt von der Anwendung ab, wie das folgende Beispiel zeigt.

1.2.10 Beispiel (Distanz eines Punkts von einer Menge)

Für eine Menge $M \subseteq \mathbb{R}^n$ und einen Punkt $z \in \mathbb{R}^n$ heißt

$$\mathrm{dist}(z, M) := \inf_{x \in M} \|x - z\|_2$$

Distanz von z zu M. Wie in Beispiel 1.1.1 gesehen, heißt ein Punkt $\bar{x} \in M$, dessen Zielfunktionswert $\|\bar{x} - z\|_2$ die Distanz realisiert, Projektion von z auf M. Die Distanz ist aber auch dann sinnvoll definiert, wenn eine solche Projektion nicht existiert, das zugrunde liegende Optimierungsproblem also unlösbar ist. Dies illustriert Abb. 1.13 für eine nicht abgeschlossene Menge M, d. h., es gibt eine Folge $(x^k) \subseteq M$, die einen

Abb. 1.13 Distanz zu einer
nicht abgeschlossenen Menge

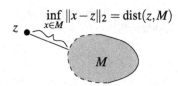

Grenzpunkt $x^\star \notin M$ besitzt. Ein optimaler Punkt existiert hier deswegen nicht, weil sich jeder zulässige Punkt $x \in M$ verbessern lässt.

Wegen der Nichtnegativität der Norm ist Unlösbarkeit wegen Unbeschränktheit für dieses Problem nicht möglich. Ferner gilt $\mathrm{dist}(z, \emptyset) = +\infty$ für jedes $z \in \mathbb{R}^n$. ◄

1.2.3 Der Satz von Weierstraß

Wir wenden uns nun hinreichenden Bedingungen für die Lösbarkeit von P zu. Eine Minimalvoraussetzung dafür ist offensichtlich die Konsistenz von M, also $M \neq \emptyset$. In Beispiel 1.2.10 haben wir außerdem gesehen, dass fehlende Abgeschlossenheit von M zu Unlösbarkeit führen kann.

Die Unlösbarkeit der Minimierung von e^x auf $\mathbb{R}$ liegt an einem asymptotischen Effekt für $x \to -\infty$, der sich sicher dann ausschließen lässt, wenn man zusätzlich die Beschränktheit von M fordert, also die Existenz eines $R > 0$ mit $M \subseteq \{x \in \mathbb{R}^n \,|\, \|x\| \le R\}$ (d. h., M liegt in einer hinreichend großen Kugel um den Nullpunkt; die Wahl der Norm ist dabei gleichgültig). Eine gleichzeitig abgeschlossene und beschränkte Menge $M \subseteq \mathbb{R}^n$ heißt auch *kompakt*.

Schließlich kann Unlösbarkeit auch durch Sprungstellen der Zielfunktion f ausgelöst werden. Beispielsweise besitzt

$$f(x) = \begin{cases} 1, & x \le 0 \\ x, & x > 0 \end{cases}$$

keinen globalen Minimalpunkt auf $\mathbb{R}$, denn wieder gibt es zu jedem Lösungskandidaten eine Verbesserungsmöglichkeit (Abb. 1.14). Ausgeschlossen wird diese Situation sicher durch die Forderung der Stetigkeit von f.

Der folgende zentrale Satz zur Existenz von Minimal- und Maximalpunkten zeigt, dass die aufgeführten Forderungen an f und M ausreichen, um tatsächlich die Lösbarkeit von P zu garantieren.

Abb. 1.14 Unlösbarkeit wegen
Sprungstelle von f

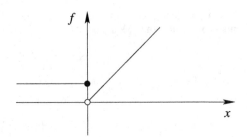

Die Menge $M \subseteq \mathbb{R}^n$ sei nichtleer und kompakt, und die Funktion $f : M \to \mathbb{R}$ sei stetig. Dann besitzt f auf M (mindestens) einen globalen Minimalpunkt und einen globalen Maximalpunkt.

Beweis Es sei $v = \inf_{x \in M} f(x)$. Wegen $M \neq \emptyset$ gilt $v < +\infty$. Zu zeigen ist die Existenz eines $\bar{x}$ in M mit $v = f(\bar{x})$. Da v Infimum ist, existiert eine Folge $(x^k) \subseteq M$ mit $\lim_k f(x^k) = v$. In der Analysis wird bewiesen (im Satz von Bolzano-Weierstraß; z. B. [16]), dass jede in einer kompakten Menge M liegende Folge (x^k) eine in M konvergente Teilfolge besitzt. Um nicht eine mühsame Teilfolgennotation benutzen zu müssen, wählen wir unsere Folge (x^k) direkt als eine solche konvergente Folge, es existiert also ein $x^\star \in M$ mit $\lim_k x^k = x^\star$. Aufgrund der Stetigkeit von f auf M gilt nun

$$f(x^\star) = f\left(\lim_k x^k\right) = \lim_k f(x^k) = v,$$

man kann also $\bar{x} := x^\star$ wählen. Der Beweis zur Existenz eines globales Maximalpunkts verläuft analog. □

1.2.12 Beispiel (Projektion auf eine Menge – Fortsetzung 1)

Nach Satz 1.2.11 ist das Projektionsproblem aus Beispiel 1.1.1 für jede nichtleere und kompakte Menge $M \subseteq \mathbb{R}^n$ lösbar, denn $f(x, z) = \|x - z\|_2$ ist für jedes $z \in \mathbb{R}^n$ eine in x stetige Funktion. ◄

Während der Satz von Weierstraß die zentralen *hinreichenden* Bedingungen für die Lösbarkeit eines Optimierungsproblems liefert, wird für das Folgende entscheidend sein, dass außer der Konsistenz von M keine dieser Bedingungen auch *notwendig* für Lösbarkeit ist. Dass die Bedingungen stärker als nötig sind, sieht man alleine schon daran, dass der Satz von Weierstraß auch die Existenz eines globalen *Maximal*punkts garantiert, an der wir aber gar nicht interessiert waren.

Beispielsweise ist die Existenz von Minimalpunkten (aber nicht von Maximalpunkten) auch noch für gewisse unstetige Funktionen f garantiert. Eine Diskussion dieser *Unterhalbstetigkeit* findet sich beispielsweise in [35].

Im Folgenden werden wir stattdessen untersuchen, wie sich die Beschränktheit und die Abgeschlossenheit von M abschwächen lassen, da diese Voraussetzungen in Anwendungsproblemen häufig verletzt sind. Insbesondere für Probleme ohne Nebenbedingungen, also *unrestringierte Probleme*, gilt $M = \mathbb{R}^n$ (z. B. beim Zentrum einer Punktewolke, Beispiel 1.1.5, und in der Clusteranalyse, Beispiel 1.1.8). Zwar ist M dann nichtleer und abgeschlossen, aber *nicht* beschränkt. Daher ist Satz 1.2.11 auf unrestringierte Probleme nicht anwendbar.

1.2.4 Unbeschränkte zulässige Mengen

Um den Satz von Weierstraß für Probleme mit unbeschränkter Menge M anwendbar zu machen, bedient man sich eines Tricks und betrachtet untere Niveaumengen (*lower level sets*) von f.

1.2.13 Definition (Untere Niveaumenge)
Für $X \subseteq \mathbb{R}^n$, $f : X \to \mathbb{R}$ und $\alpha \in \mathbb{R}$ heißt

$$\text{lev}_{\leq}^{\alpha}(f, X) = \{x \in X \mid f(x) \leq \alpha\}$$

untere Niveaumenge von f auf X zum Niveau α. Im Fall $X = \mathbb{R}^n$ schreiben wir auch kurz

$$f_{\leq}^{\alpha} := \text{lev}_{\leq}^{\alpha}(f, \mathbb{R}^n) \quad (= \{x \in \mathbb{R}^n \mid f(x) \leq \alpha\}).$$

Für jede reellwertige Funktion f gilt $\text{lev}_{\leq}^{+\infty}(f, X) = X$ und $\text{lev}_{\leq}^{-\infty}(f, X) = \emptyset$. Die Menge $\text{lev}_{\leq}^{\alpha}(f, X)$ darf nicht mit dem Epigraphen von f auf X,

$$\text{epi}(f, X) = \{(x, \alpha) \in X \times \mathbb{R} \mid f(x) \leq \alpha\},$$

verwechselt werden.

1.2.14 Beispiel

Für $f(x) = x^2$ gilt $f_{\leq}^1 = [-1, 1]$, $f_{\leq}^0 = \{0\}$ und $f_{\leq}^{-1} = \emptyset$ (Abb. 1.15), und für $f(x) = x_1^2 + x_2^2$ gilt $f_{\leq}^1 = \{x \in \mathbb{R}^2 | \, x_1^2 + x_2^2 \leq 1\}$ (die Einheitskreisscheibe), $f_{\leq}^0 = \{0\}$ sowie $f_{\leq}^{-1} = \emptyset$ (Abb. 1.16).
◄

In der Analysis (und in [34]) wird gezeigt, dass für stetiges f die Mengen $f_{\leq}^\alpha$ für alle $\alpha \in \mathbb{R}$ abgeschlossen sind.

Für die folgenden Ergebnisse führen wir die Menge der globalen Minimalpunkte

$$S = \{\bar{x} \in M | \, \forall x \in M : \, f(x) \geq f(\bar{x})\}$$

von P ein. Die Lösbarkeit von P ist dann zu $S \neq \emptyset$ äquivalent; wir werden aber noch weitere Eigenschaften der Menge S zeigen können.

1.2.15 Lemma
Es sei $v = \inf_{x \in M} f(x)$. Dann gilt $S = \mathrm{lev}_{\leq}^v(f, M)$.

Abb. 1.15 Untere
Niveaumenge $f_{\leq}^1$ und Epigraph
von $f(x) = x^2$ auf $\mathbb{R}$

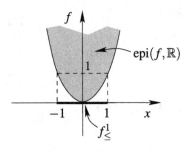

Abb. 1.16 Untere
Niveaumenge $f_{\leq}^1$ von
$f(x) = x_1^2 + x_2^2$ auf $\mathbb{R}^2$

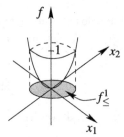

Beweis Es gilt

$$\bar{x} \in S \Leftrightarrow \bar{x} \text{ globaler Minimalpunkt}$$

$$\Leftrightarrow \bar{x} \in M \text{ und } f(\bar{x}) = v$$

$$\overset{\{x \in M | f(x) < v\} = \emptyset}{\Leftrightarrow} \bar{x} \in M \text{ und } f(\bar{x}) \leq v$$

$$\Leftrightarrow \bar{x} \in \text{lev}^{v}_{\leq}(f, M).$$

$\square$

1.2.16 Übung Der Beweis von Lemma 1.2.15 deckt formal auch den Fall unlösbarer Probleme P ab, also $S = \emptyset$. Wie sieht man für die verschiedenen Fälle von Unlösbarkeit unabhängig vom Beweis von Lemma 1.2.15, dass die Menge $\text{lev}^{v}_{\leq}(f, M)$ leer ist?

1.2.17 Lemma
Für ein $\alpha \in \mathbb{R}$ sei $\text{lev}^{\alpha}_{\leq}(f, M) \neq \emptyset$. Dann gilt $S \subseteq \text{lev}^{\alpha}_{\leq}(f, M)$.

Beweis Wegen $\text{lev}^{\alpha}_{\leq}(f, M) \neq \emptyset$ gibt es einen Punkt $\tilde{x}$ in M mit $f(\tilde{x}) \leq \alpha$. Nun sei $\bar{x}$ ein beliebiger globaler Minimalpunkt von P. Dann gilt $\bar{x} \in M$ und $f(\bar{x}) \leq f(\tilde{x}) \leq \alpha$, also $\bar{x} \in \text{lev}^{\alpha}_{\leq}(f, M)$. $\square$

Das Konzept der unteren Niveaumengen erlaubt es, in einer hinreichenden Bedingung zur Lösbarkeit von P das Zusammenspiel der Eigenschaften der Zielfunktion f und der zulässigen Menge M zu berücksichtigen.

1.2.18 Satz (Verschärfter Satz von Weierstraß)
Für eine (nicht notwendigerweise beschränkte oder abgeschlossene) Menge $M \subseteq \mathbb{R}^n$ sei $f : M \to \mathbb{R}$ stetig, und mit einem $\alpha \in \mathbb{R}$ sei $\text{lev}^{\alpha}_{\leq}(f, M)$ nichtleer und kompakt. Dann ist auch S nichtleer und kompakt.

Beweis Wegen Lemma 1.2.17 besitzen P und das Hilfsproblem

$$\tilde{P} : \quad \min f(x) \quad \text{s.t.} \quad x \in \text{lev}^{\alpha}_{\leq}(f, M)$$

dieselben Optimalpunkte und denselben Optimalwert. $\tilde{P}$ erfüllt die Voraussetzungen von Satz 1.2.11, woraus die Behauptung $S \neq \emptyset$ folgt. Außerdem impliziert $S = \text{lev}^{v}_{\leq}(f, M) \subseteq$

Abb. 1.17 e^x mit $x \geq 0$

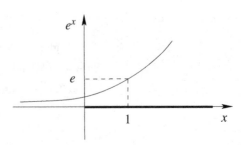

$\mathrm{lev}_{\leq}^{\alpha}(f, M)$ die Beschränktheit von S. Zum Nachweis der Abgeschlossenheit von S betrachte eine konvergente Folge $(x^k) \subseteq S$ mit Limes $x^{\star}$. Da S in der abgeschlossenen Menge $\mathrm{lev}_{\leq}^{\alpha}(f, M)$ enthalten ist, folgt $x^{\star} \in \mathrm{lev}_{\leq}^{\alpha}(f, M) \subseteq M$, und die Stetigkeit von f auf M garantiert, dass aus $f(x^k) \leq v$, $k \in \mathbb{N}$, auch $f(x^{\star}) \leq v$ folgt, insgesamt also $x^{\star} \in \mathrm{lev}_{\leq}^{v}(f, M) = S$. Damit ist S kompakt. $\qquad \square$

1.2.19 Übung   Zeigen Sie, dass die Voraussetzungen von Satz 1.2.18 schwächer sind als die von Satz 1.2.11, dass sie also unter den Voraussetzungen von Satz 1.2.11 stets erfüllbar sind.

Die *Verschärfung* von Satz 1.2.18 gegenüber Satz 1.2.11 bezieht sich darauf, dass die uns interessierende Aussage des Satzes von Weierstraß, nämlich die Existenz eines globalen *Minimal*punkts, auch unter der schwächeren Voraussetzung von Satz 1.2.18 folgt. Da nun allerdings keine Aussage mehr zur Existenz eines globalen *Maximal*punkts von P getroffen werden kann, sind die beiden Sätze genau genommen unabhängig voneinander.

1.2.20 Beispiel

Betrachtet werde das Problem

$$P: \quad \min e^x \quad \text{s.t.} \quad x \geq 0$$

(Abb. 1.17).

Hier ist $M = \{x \in \mathbb{R} \,|\, x \geq 0\}$ unbeschränkt, Satz 1.2.11 also nicht anwendbar. Aber beispielsweise mit $\alpha = e$ ist

$$\mathrm{lev}_{\leq}^{e}(f, M) = \{x \in M \,|\, e^x \leq e\} = \{x \geq 0 \,|\, x \leq 1\} = [0, 1]$$

nichtleer und kompakt. Folglich ist Satz 1.2.18 anwendbar und P daher lösbar. ◄

Der verschärfte Satz von Weierstraß zeigt auch, dass zur Lösbarkeit des Projektionsproblems aus Beispiel 1.1.1 die in Beispiel 1.2.12 getroffene Voraussetzung der Beschränktheit von M gar nicht notwendig ist.

1.2.21 Beispiel (Projektion auf eine Menge – Fortsetzung 2)

Das Projektionsproblem aus Beispiel 1.1.1 ist sogar für jede nur nichtleere und abgeschlossene Menge $M \subseteq \mathbb{R}^n$ lösbar. Um dies zu sehen, unterschlagen wir endgültig die z-Abhängigkeit der Zielfunktion durch die Setzung $f(x) := f(x, z)$. Für jedes $\alpha \geq 0$ bildet die Menge

$$f_{\leq}^{\alpha} = \{x \in \mathbb{R}^n | \; \|x - z\|_2 \leq \alpha\}$$

dann eine Kugel mit Mittelpunkt z und Radius α. Für einen beliebigen Punkt $\widetilde{x} \in M$ wählen wir α so groß, dass $\widetilde{x} \in f_{\leq}^{\alpha}$ gilt, etwa mit der Wahl $\alpha = \|\widetilde{x} - z\|_2$. Damit gilt $\widetilde{x} \in f_{\leq}^{\alpha} \cap M = \mathrm{lev}_{\leq}^{\alpha}(f, M)$, so dass $\mathrm{lev}_{\leq}^{\alpha}(f, M)$ nichtleer ist, und außerdem ist $\mathrm{lev}_{\leq}^{\alpha}(f, M)$ als Schnitt der kompakten Menge $f_{\leq}^{\alpha}$ mit der abgeschlossenen Menge M kompakt. Satz 1.2.18 liefert nun die Behauptung. ◄

1.2.22 Korollar (Verschärfter Satz von Weierstraß für unrestringierte Probleme)
Die Funktion $f : \mathbb{R}^n \to \mathbb{R}$ sei stetig, und mit einem $\alpha \in \mathbb{R}$ sei $f_{\leq}^{\alpha}$ nichtleer und kompakt. Dann ist auch S nichtleer und kompakt.

Beweis Satz 1.2.18 mit $M = \mathbb{R}^n$. □

1.2.23 Beispiel

Für $f(x) = (x - 5)^2$ ist $f_{\leq}^1 = [4, 6]$ nichtleer und kompakt, also besitzt f nach Korollar 1.2.22 einen globalen Minimalpunkt auf $\mathbb{R}$. ◄

1.2.24 Beispiel

Mit $f(x) = e^x$ gilt $f_{\leq}^{\alpha} = \emptyset$ für alle $\alpha \leq 0$ sowie $f_{\leq}^{\alpha} = (-\infty, \log(\alpha)]$ für alle $\alpha > 0$. Daher ist $f_{\leq}^{\alpha}$ für kein α nichtleer und kompakt, Korollar 1.2.22 also nicht anwendbar. f besitzt auch tatsächlich keinen globalen Minimalpunkt auf $\mathbb{R}$. ◄

1.2.25 Beispiel

Für $f(x) = \sin(x)$ ist Korollar 1.2.22 ebenfalls nicht anwendbar, da alle $f_{\leq}^{\alpha}$ unbeschränkt oder leer sind. f besitzt aber trotzdem globale Minimalpunkte auf $\mathbb{R}$ (wobei S allerdings nicht kompakt ist). ◄

Im Folgenden leiten wir ein einfaches Kriterium her, aus dem die Beschränktheit von $\text{lev}_{\leq}^{\alpha}(f, X)$ mit *jedem* $\alpha \in \mathbb{R}$ folgt. Dadurch kann man die Voraussetzungen von Satz 1.2.18 und Korollar 1.2.22 garantieren, ohne ein explizites Niveau α angeben zu müssen.

1.2.26 Definition (Koerzivität bei ∞)

Gegeben sei eine Funktion $f : X \to \mathbb{R}$ mit $X \subseteq \mathbb{R}^n$. Falls für alle Folgen $(x^k) \subseteq X$ mit $\lim_k \|x^k\| = +\infty$ auch

$$\lim_k f(x^k) = +\infty$$

gilt, dann heißt f *koerziv bei ∞* auf X. Falls X abgeschlossen ist, heißt f kurz *koerziv* auf X.

1.2.27 Beispiel

$f(x) = (x - 5)^2$ ist koerziv auf $\mathbb{R}$. ◄

1.2.28 Beispiel

$f(x) = e^x$ ist nicht koerziv auf $X = \mathbb{R}$, wohl aber auf der Menge $X = \{x \in \mathbb{R} \mid x \geq 0\}$.
◄

1.2.29 Beispiel (Zentrum einer Punktewolke – Fortsetzung 2)

Die Zielfunktion

$$f(z) = \left\| \begin{pmatrix} \|z - x^1\|_2 \\ \vdots \\ \|z - x^m\|_2 \end{pmatrix} \right\|_2$$

aus dem Problem, das Zentrum einer Punktewolke zu finden (Beispiel 1.1.5), ist koerziv auf $\mathbb{R}^n$, denn es gilt

$$f(z) = \sqrt{\sum_{i=1}^{m} \|z - x^i\|_2^2} \geq \sqrt{\|z - x^1\|_2^2} = \|z - x^1\|_2 \geq \left| \|z\|_2 - \|x^1\|_2 \right| \xrightarrow{\|z\|_2 \to \infty} +\infty.$$

◄

1.2.30 Beispiel (Clusteranalyse – Fortsetzung 1)

Die Zielfunktion

$$f(z^1, \ldots, z^q) = \sum_{i=1}^{m} \min_{\ell=1,\ldots,q} \| z^\ell - x^i \|$$

aus dem Problem P_1 der Clusteranalyse (Beispiel 1.1.8) mit $q \geq 2$ ist zwar stetig, aber nicht koerziv auf $\mathbb{R}^{nq}$. Um Letzteres zu sehen, wähle $z^{1,k} = \ldots = z^{q-1,k} = 0$, $z^{q,k} = ke_n$ (mit dem n-ten Einheitsvektor e_n) für alle $k \in \mathbb{N}$. Dann gilt zwar

$$\left\| \begin{pmatrix} z^{1,k} \\ \vdots \\ z^{q,k} \end{pmatrix} \right\| \overset{k \to \infty}{\longrightarrow} \infty,$$

aber

$$f(z^{1,k}, \ldots, z^{q,k}) = \sum_{i=1}^{m} \min_{\ell=1,\ldots,q} \left\| z^{\ell,k} - x^i \right\|$$

$$= \sum_{i=1}^{m} \min\{ \underbrace{\min_{\ell=1,\ldots,q-1} \left\| x^i \right\|}_{\| x^i \|}, \underbrace{\left\| z^{q,k} - x^i \right\|}_{\geq |\, \| z^{q,k} \| - \| x^i \| \,|} \} = \sum_{i=1}^{m} \left\| x^i \right\|$$

für alle genügend großen $k \in \mathbb{N}$. Da dieser Ausdruck von $(z^{1,k}, \ldots, z^{q,k})$ unabhängig ist und somit für $k \to \infty$ nicht gegen unendlich geht, ist f auf keiner Menge koerziv, die die Folge der Punkte $(z^{1,k}, \ldots, z^{q,k})$ enthält, und damit insbesondere nicht auf $\mathbb{R}^{nq}$. ◄

1.2.31 Beispiel

Auf kompakten Mengen X ist jede Funktion f trivialerweise koerziv. ◄

Angemerkt sei dazu, dass wir den Begriff „trivial" in diesem Lehrbuch sparsam benutzen. Er bezeichnet nicht Aussagen, die aus Sicht des Autors „leicht" zu beweisen sind, sondern solche, die wegen einer logischen Trivialität gelten. Zum Beispiel ist die Aussage „Alle Einhörner sind rosa" trivialerweise wahr, denn um sie zu widerlegen, müsste man ein Einhorn finden, das nicht rosafarben ist. Da man aber schon kein Einhorn finden kann, braucht man nicht noch darüber hinaus nach einem Einhorn zu suchen, das nicht rosa ist. Damit lässt die Aussage sich aus einem trivialen Grund nicht widerlegen und ist folglich wahr. In Beispiel 1.2.31 bezieht sich dies darauf, dass in einer kompakten Menge X keine einzige Folge (x^k) mit $\lim_k \| x^k \| \to +\infty$ liegt. Um zu zeigen, dass f *nicht* koerziv ist, müsste aber eine solche Folge *existieren* und außerdem nicht $\lim_k f(x^k) = +\infty$ erfüllen. Letzteres ist aber irrelevant, weil schon die Existenz der Folge nicht vorliegt. Folglich ist f auf X aus einem trivialen Grund koerziv. Für das folgende Ergebnis bemerken wir, dass die leere Menge im selben Sinne *trivialerweise* beschränkt ist.

1.2.32 Lemma

Die Funktion $f : X \to \mathbb{R}$ sei koerziv bei ∞ auf der (nicht notwendigerweise beschränkten oder abgeschlossenen) Menge $X \subseteq \mathbb{R}^n$. Dann ist die Menge $\mathrm{lev}^\alpha_\leq(f, X)$ für jedes Niveau $\alpha \in \mathbb{R}$ beschränkt.

Beweis Wir wählen ein beliebiges $\alpha \in \mathbb{R}$ und nehmen an, $\mathrm{lev}^\alpha_\leq(f, X)$ sei unbeschränkt. Dann existiert eine Folge $(x^k) \subseteq \mathrm{lev}^\alpha_\leq(f, X)$ mit $\lim_k \|x^k\| = +\infty$. Aufgrund der Koerzivität bei ∞ von f auf X folgt hieraus $\lim_k f(x^k) = +\infty$. Dies steht im Widerspruch zu $f(x^k) \leq \alpha$ für alle $k \in \mathbb{N}$. Also ist $\mathrm{lev}^\alpha_\leq(f, X)$ beschränkt. $\square$

Im Satz von Weierstraß können wir im Sinne des folgenden Korollars also die Beschränktheit von M durch die Koerzivität von f auf M ersetzen.

1.2.33 Korollar

Es sei M nichtleer und abgeschlossen, aber nicht notwendigerweise beschränkt. Ferner sei die Funktion $f : M \to \mathbb{R}$ stetig und koerziv auf M. Dann ist S nichtleer und kompakt.

Beweis Wegen $M \neq \emptyset$ können wir zunächst ein $\bar{x} \in M$ wählen und $\alpha = f(\bar{x})$ setzen. Dann enthält die Menge $\mathrm{lev}^\alpha_\leq(f, M)$ den Punkt $\bar{x}$ und ist insbesondere nicht leer.

Aufgrund der Stetigkeit von f auf M und der Abgeschlossenheit von M ist $\mathrm{lev}^\alpha_\leq(f, M)$ außerdem abgeschlossen und aufgrund von Lemma 1.2.32 auch beschränkt.

Insgesamt haben wir ein $\alpha \in \mathbb{R}$ gefunden, so dass $\mathrm{lev}^\alpha_\leq(f, M)$ nichtleer und kompakt ist. Damit liefert Satz 1.2.18 die Behauptung. $\square$

1.2.34 Beispiel (Zentrum einer Punktewolke – Fortsetzung 3)

Das Problem, das Zentrum einer Punktewolke zu finden (Beispiel 1.1.5), ist nach Beispiel 1.2.29 und Korollar 1.2.33 lösbar. ◄

Wegen Beispiel 1.2.30 lässt sich Korollar 1.2.33 nicht benutzen, um die Lösbarkeit des Problems P_1 der Clusteranalyse zu zeigen.

Dass sie aber trotzdem vorliegt, sehen wir im Folgenden anhand einer weiteren Möglichkeit, den Satz von Weierstraß (Satz 1.2.11) auf unrestringierte Probleme anwendbar zu machen.

1.2.35 Beispiel (Clusteranalyse – Fortsetzung 2)

Um zu zeigen, dass das Problem P_1 der Clusteranalyse (Beispiel 1.1.8) mit euklidischer Norm als innerer Norm, also die unrestringierte Minimierung der Zielfunktion

$$f(z^1, \ldots, z^q) = \left\| \begin{pmatrix} \min_{\ell=1,\ldots,q} \| z^\ell - x^1 \|_2 \\ \vdots \\ \min_{\ell=1,\ldots,q} \| z^\ell - x^m \|_2 \end{pmatrix} \right\|_1,$$

für $q \geq 2$ lösbar ist, werden wir eine nichtleere und kompakte Menge $M \subseteq \mathbb{R}^{nq}$ konstruieren, außerhalb derer man nicht nach globalen Minimalpunkten zu suchen braucht. Die unrestringierte Minimierung von f ist demnach äquivalent zur Minimierung von f über M, und Satz 1.2.11 liefert die Behauptung.

Dazu betrachten wir die Box (zu diesem Begriff s. auch Abschn. 3.3) $X = [\underline{x}_1, \overline{x}_1] \times \ldots \times [\underline{x}_n, \overline{x}_n]$ mit

$$\underline{x}_j := \min_{i=1,\ldots,m} x_j^i, \quad \overline{x}_j := \max_{i=1,\ldots,m} x_j^i, \quad j = 1, \ldots, n,$$

also die kleinste Box in $\mathbb{R}^n$, die alle Datenpunkte enthält, und setzen $M := \prod_{\ell=1}^q X$.

Im Folgenden werden wir zeigen, dass zu jedem Punkt $(z^1, \ldots, z^q)$ in $\mathbb{R}^{nq}$ ein Punkt $(\widetilde{z}^1, \ldots, \widetilde{z}^q)$ in M mit mindestens ebenso gutem Zielfunktionswert existiert. Selbst wenn f also globale Minimalpunkte außerhalb von M besitzen sollte, gäbe es andere globale Minimalpunkte in M, so dass die restringierte Minimierung von f über M anstelle der unrestringierten Minimierung ein korrektes Ergebnis liefert.

Es sei also $(z^1, \ldots, z^q) \in \mathbb{R}^{nq}$. Wir setzen für jedes $\ell \in \{1, \ldots, q\}$ und jedes $j \in \{1, \ldots, n\}$

$$\widetilde{z}_j^\ell = \begin{cases} z_j^\ell, & \text{falls } z_j^\ell \in [\underline{x}_j, \overline{x}_j] \\ \underline{x}_j, & \text{falls } z_j^\ell < \underline{x}_j \\ \overline{x}_j, & \text{falls } z_j^\ell > \overline{x}_j. \end{cases}$$

Dann liegt der Punkt $(\widetilde{z}^1, \ldots, \widetilde{z}^q)$ offensichtlich in M. Ferner gilt für jedes $\ell \in \{1, \ldots, q\}$, $j \in \{1, \ldots, n\}$ und $i \in \{1, \ldots, m\}$ im ersten obigen Fall

$$|\widetilde{z}_j^\ell - x_j^i| = |z_j^\ell - x_j^i|,$$

im zweiten Fall

$$|\widetilde{z}_j^\ell - x_j^i| = |\underline{x}_j - x_j^i| = x_j^i - \underline{x}_j < x_j^i - z_j^\ell = |z_j^\ell - x_j^i|$$

und im dritten Fall

$$|\widetilde{z}_j^\ell - x_j^i| = |\overline{x}_j - x_j^i| = \overline{x}_j - x_j^i < z_j^\ell - x_j^i = |z_j^\ell - x_j^i|,$$

insgesamt also in jedem der drei Fälle $|\widetilde{z}^\ell_j - x^i_j| \leq |z^\ell_j - x^i_j|$. Mit der Definition der euklidischen Norm macht man sich leicht klar, dass dann auch

$$\|\widetilde{z}^\ell - x^i\|_2 \leq \|z^\ell - x^i\|_2 \tag{1.1}$$

gilt. Hieraus folgt

$$\min_{\ell=1,\dots,q} \|\widetilde{z}^\ell - x^i\|_2 \leq \min_{\ell=1,\dots,q} \|z^\ell - x^i\|_2$$

sowie per Definition der ℓ_1-Norm

$$f(\widetilde{z}^1, \dots, \widetilde{z}^q) \leq f(z^1, \dots, z^q). \tag{1.2}$$

Dies ist die Behauptung. ◄

Wir merken an, dass wir im obigen Beispiel zum Nachweis sowohl von (1.1) als auch von (1.2) die Eigenschaft der beteiligten Normen benutzt haben, dass aus $|a_i| \leq |b_i|, i = 1, \dots, n$, stets $\|a\| \leq \|b\|$ folgt. Jede Norm mit dieser Eigenschaft heißt *absolut-monoton* auf $\mathbb{R}^n$ (diese Eigenschaft wird in der Literatur auch häufig als Monotonie bezeichnet, was aber nicht konsistent mit der Definition von Monotonie für Funktionale ist; Definition 1.3.8).

1.2.36 Übung   Zeigen Sie, dass alle ℓ_p-Normen mit $p \in [1, \infty]$ absolut-monoton auf $\mathbb{R}^n$ sind.

1.2.37 Übung   Geben Sie ein Beispiel einer auf $\mathbb{R}^2$ nicht absolut-monotonen Norm.

Da außer der Absolut-Monotonie der beteiligten Normen keine weiteren ihrer speziellen Eigenschaften benutzt wurden, übertragen sich die Argumente aus Beispiel 1.2.35 ohne Weiteres auf die Lösbarkeit von Problemen der Clusteranalyse mit beliebigen inneren und äußeren Normen, solange beide absolut-monoton sind (z. B. als ℓ_p-Normen; Übung 1.2.36).

Ferner lässt sich mit derselben Idee ein zu Beispiel 1.2.34 alternativer Beweis der Lösbarkeit des Problems zur Bestimmung des Zentrums einer Punktewolke angeben, der dann ebenfalls auf beliebige absolut-monotone innere und äußere Normen übertragbar ist.

1.2.38 Übung   Auf der abgeschlossenen Menge $X \subseteq \mathbb{R}^n$ seien die Funktionen $f, g_i, i \in I$, stetig, die Menge $M := \{x \in X \,|\, g_i(x) \leq 0, \ i \in I\}$ sei nichtleer, und mindestens eine der Funktionen $f, g_i, i \in I$, sei koerziv auf X. Zeigen Sie, dass die Menge S der Optimalpunkte von f auf M dann nichtleer und kompakt ist.

1.2.5   Nicht abgeschlossene zulässige Mengen

Das folgende Beispiel zeigt, dass in Anwendungen auch Optimierungsprobleme mit nicht abgeschlossenen zulässigen Mengen auftreten können. Deren Lösbarkeit lässt sich mit den bislang hergeleiteten Resultaten nicht garantieren.

1.2.39 Beispiel (Maximum-Likelihood-Schätzer)

Gegeben seien N Beobachtungen $\widehat{x}_1, \ldots, \widehat{x}_N \geq 0$ mit $\bar{x} = \frac{1}{N} \sum_{i=1}^{N} \widehat{x}_i > 0$, die als Realisierungen stochastisch unabhängiger und mit Parameter $\lambda > 0$ exponentialverteilter Zufallsvariablen $X_1, \ldots, X_N$ aufgefasst werden. Gesucht ist der Parameter λ, der zu den Beobachtungen „am besten passt". Dazu kann man mit Hilfe der Dichtefunktionen der einzelnen X_i,

$$f(\lambda, x_i) = \begin{cases} \lambda e^{-\lambda x_i}, & x_i \geq 0 \\ 0, & x_i < 0, \end{cases}$$

zunächst die gemeinsame Dichte aller Zufallsvariablen

$$L(\lambda, x) = \prod_{i=1}^{N} f(\lambda, x_i)$$

betrachten. Der Maximum-Likelihood-Schätzer bestimmt dann λ als optimalen Punkt des Problems

$$ML: \quad \max_{\lambda} L(\lambda, \widehat{x}) \quad \text{s.t.} \quad \lambda > 0.$$

Die zulässige Menge $M = (0, +\infty)$ dieses Problems ist offensichtlich nicht abgeschlossen. Es ist auch sinnlos, den Parameterwert $\lambda = 0$ künstlich hinzuzufügen, da $f(0, x)$ keine Wahrscheinlichkeitsdichte ist.

Wir werden im Folgenden sehen, wie die Lösbarkeit dieses Problems trotzdem garantiert werden kann, und später auch einen globalen Maximalpunkt bestimmen. Dazu berechnen wir zunächst

$$L(\lambda, \widehat{x}) = \prod_{i=1}^{N} \lambda e^{-\lambda \widehat{x}_i} = \lambda^N e^{-\lambda N \bar{x}}.$$

Abb. 1.18 zeigt den Verlauf dieser Funktion im Fall $N = 2$ und $\bar{x} = 1$.

Da die Likelihood-Funktion L eine ausgeprägte Produktstruktur sowie überall positive Werte besitzt, bietet es sich an, stattdessen die *Log-Likelihood-Funktion*

$$\ell(\lambda, \widehat{x}) := \log(L(\lambda, \widehat{x})) = N \log(\lambda) - \lambda N \bar{x}$$

zu betrachten. Da die log-Funktion streng monoton wachsend auf dem Bildbereich $(0, +\infty)$ von L ist, kann man mittels Übung 1.3.5 zeigen, dass das Problem

$$ML_{\log}: \quad \max_{\lambda} \ell(\lambda, \widehat{x}) \quad \text{s.t.} \quad \lambda > 0$$

Abb. 1.18 Graph einer
Likelihood-Funktion L

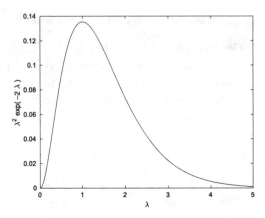

dieselben Optimalpunkte wie *ML* besitzt. Schließlich streichen wir mit Hilfe von Übung
1.3.1a die Konstante $N > 0$ aus der Zielfunktion und gehen zum äquivalenten Minimierungsproblem

$$P_{ML}: \quad \min_{\lambda} \lambda\bar{x} - \log(\lambda) \quad \text{s.t.} \quad \lambda > 0$$

über, dessen Zielfunktion für $\bar{x} = 1$ in Abb. 1.19 geplottet ist.

◀

Beispiel 1.2.39 motiviert, dass man Koerzivität einer Funktion f auf einer *nicht notwendigerweise abgeschlossenen* Menge X nicht wie in Definition 1.2.26 nur „bei ∞" fordern
sollte, sondern auch an gewissen Punkten „im Endlichen".

Abb. 1.19 Zielfunktion des
Problems P_{ML}

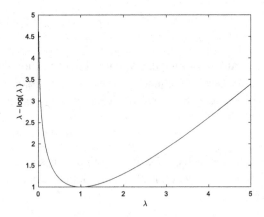

1.2.40 Definition (Koerzivität)

Gegeben seien eine (nicht notwendigerweise abgeschlossene) Menge $X \subseteq \mathbb{R}^n$ und eine Funktion $f : X \to \mathbb{R}$. Falls für alle Folgen $(x^k) \subseteq X$ mit $\lim_k \|x^k\| = \infty$ und alle konvergenten Folgen $(x^k) \subseteq X$ mit $\lim_k x^k \notin X$ die Bedingung

$$\lim_k f(x^k) = +\infty$$

gilt, dann heißt f *koerziv* auf X.

Für abgeschlossene Mengen X stimmt der Koerzivitätsbegriff aus Definition 1.2.40 offenbar mit der Koerzivität bei ∞ aus Definition 1.2.26 überein, was die dort eingeführte abkürzende Sprechweise für Koerzivität bei ∞ auf abgeschlossenen Mengen begründet.

1.2.41 Beispiel (Maximum-Likelihood-Schätzer – Fortsetzung 1)

Für $\bar{x} > 0$ ist die Zielfunktion $f(\lambda) = \lambda \bar{x} - \log(\lambda)$ des Problems P_{ML} aus Beispiel 1.2.39 koerziv auf $M = (0, +\infty)$. Wir merken an, dass nur die Log-Likelihood-Funktion ℓ zu Koerzivität führt, die Likelihood-Funktion L selbst aber *nicht*. ◄

1.2.42 Lemma

Die Funktion $f : X \to \mathbb{R}$ sei stetig und koerziv auf der (nicht notwendigerweise beschränkten oder abgeschlossenen) Menge $X \subseteq \mathbb{R}^n$. Dann ist die Menge $\mathrm{lev}_{\leq}^{\alpha}(f, X)$ für jedes Niveau $\alpha \in \mathbb{R}$ kompakt.

Beweis Wir wählen ein beliebiges $\alpha \in \mathbb{R}$. Nach Lemma 1.2.32 ist die Menge $\mathrm{lev}_{\leq}^{\alpha}(f, X)$ beschränkt. Ihre Abgeschlossenheit ist im Fall $\mathrm{lev}_{\leq}^{\alpha}(f, X) = \emptyset$ trivial. Ansonsten wählen wir eine konvergente Folge $(x^k) \subseteq \mathrm{lev}_{\leq}^{\alpha}(f, X)$, deren Grenzpunkt wir mit $x^\star$ bezeichnen. Angenommen, $x^\star$ liegt nicht in X. Wegen der Koerzivität von f auf X folgte dann $\lim_k f(x^k) = +\infty$, im Widerspruch zu $f(x^k) \leq \alpha$ für alle $k \in \mathbb{N}$. Daher gilt $x^\star \in X$, und die Stetigkeit von f an $x^\star$ liefert schließlich $f(x^\star) \leq \alpha$, also insgesamt $x^\star \in \mathrm{lev}_{\leq}^{\alpha}(f, X)$. Damit ist $\mathrm{lev}_{\leq}^{\alpha}(f, X)$ auch abgeschlossen, insgesamt also kompakt. $\square$

Durch die obige Erweiterung des Koerzivitätsbegriffs können wir im Satz von Weierstraß im Sinne des folgenden Korollars also nicht nur die Beschränktheit (wie in Korollar 1.2.33), sondern auch die Abgeschlossenheit von M durch die Koerzivität von f auf M ersetzen.

1.2.43 Korollar

Es sei M nichtleer, aber nicht notwendigerweise beschränkt oder abgeschlossen. Ferner sei die Funktion, $f : M \to \mathbb{R}$ stetig und koerziv auf M. Dann ist S nichtleer und kompakt.

Beweis Wie im Beweis zu Korollar 1.2.33 setzen wir $\alpha = f(\bar{x})$ mit einem $\bar{x} \in M$ und erhalten wie dort sofort die Konsistenz der Menge $\text{lev}_{\leq}^{\alpha}(f, M)$. Nach Lemma 1.2.42 ist diese Menge außerdem kompakt, also haben wir wieder ein $\alpha \in \mathbb{R}$ gefunden, so dass $\text{lev}_{\leq}^{\alpha}(f, M)$ nichtleer und kompakt ist. Damit liefert Satz 1.2.18 die Behauptung. $\square$

1.2.44 Beispiel (Maximum-Likelihood-Schätzer – Fortsetzung 2)

Das Problem P_{ML} und damit auch das Problem ML aus Beispiel 1.2.39 sind nach Beispiel 1.2.41 und Korollar 1.2.43 lösbar. ◄

1.3   Rechenregeln und Umformungen

Dieser Abschnitt führt eine Reihe von Rechenregeln und äquivalenten Umformungen von Optimierungsproblemen auf, die im Rahmen dieses Lehrbuchs von Interesse sind. Die Existenz aller auftretenden Optimalpunkte und -werte wird in diesem Abschnitt ohne weitere Erwähnung vorausgesetzt und muss bei Anwendung der Resultate zunächst zum Beispiel mit den Techniken aus Abschn. 1.2 garantiert werden. Die Übertragung der Resultate zu Optimalwerten auf Fälle von nicht angenommenen Infima und Suprema ist dem Leser als weitere Übung überlassen.

1.3.1 Übung (Skalare Vielfache und Summen)   Gegeben seien $M \subseteq \mathbb{R}^n$ und $f, g : M \to \mathbb{R}$. Dann gilt:

a) $\forall \alpha \geq 0, \beta \in \mathbb{R} : \min\limits_{x \in M} (\alpha f(x) + \beta) = \alpha (\min\limits_{x \in M} f(x)) + \beta$.

b) $\forall \alpha < 0, \beta \in \mathbb{R} : \min\limits_{x \in M} (\alpha f(x) + \beta) = \alpha (\max\limits_{x \in M} f(x)) + \beta$.

c) $\min\limits_{x \in M} (f(x) + g(x)) \geq \min\limits_{x \in M} f(x) + \min\limits_{x \in M} g(x)$.

d) In Aussage c kann die strikte Ungleichung > auftreten.

In Aussage a und Aussage b stimmen außerdem jeweils die lokalen bzw. globalen Optimalpunkte der Optimierungsprobleme überein.

1.3.2 Übung (Separable Zielfunktion auf kartesischem Produkt) Es seien $X \subseteq \mathbb{R}^n$, $Y \subseteq \mathbb{R}^m$, $f : X \to \mathbb{R}$ und $g : Y \to \mathbb{R}$. Dann gilt

$$\min_{(x,y) \in X \times Y} (f(x) + g(y)) = \min_{x \in X} f(x) + \min_{y \in Y} g(y).$$

1.3.3 Übung (Vertauschung von Minima und Maxima) Es seien $X \subseteq \mathbb{R}^n$, $Y \subseteq \mathbb{R}^m$, $M = X \times Y$ und $f : M \to \mathbb{R}$ gegeben. Dann gilt:

a) $\displaystyle \min_{(x,y) \in M} f(x, y) = \min_{x \in X} \min_{y \in Y} f(x, y) = \min_{y \in Y} \min_{x \in X} f(x, y).$

b) $\displaystyle \max_{(x,y) \in M} f(x, y) = \max_{x \in X} \max_{y \in Y} f(x, y) = \max_{y \in Y} \max_{x \in X} f(x, y).$

c) $\displaystyle \min_{x \in X} \max_{y \in Y} f(x, y) \geq \max_{y \in Y} \min_{x \in X} f(x, y).$

d) In Aussage c kann die strikte Ungleichung $>$ auftreten.

1.3.4 Übung (Vereinigung) Es seien I eine beliebige Indexmenge, $M_i \subseteq \mathbb{R}^n$, $i \in I$, und $f : \bigcup_{i \in I} M_i \to \mathbb{R}$ gegeben. Dann gilt

$$\min_{x \in \bigcup_{i \in I} M_i} f(x) = \min_{i \in I} \min_{x \in M_i} f(x).$$

1.3.5 Übung (Monotone Transformation) Zu $M \subseteq \mathbb{R}^n$ und einer Funktion $f : M \to Y$ mit $Y \subseteq \mathbb{R}$ sei $\psi : Y \to \mathbb{R}$ eine streng monoton wachsende Funktion. Dann gilt

$$\min_{x \in M} \psi(f(x)) = \psi \left(\min_{x \in M} f(x) \right),$$

und die lokalen bzw. globalen Minimalpunkte stimmen überein.

Für die folgende Übung erinnern wir an die Definition der Parallelprojektion aus Definition 1.2.8.

1.3.6 Übung (Projektionsumformulierung) Gegeben seien $M \subseteq \mathbb{R}^n \times \mathbb{R}^m$ und eine Funktion $f : \mathbb{R}^n \to \mathbb{R}$, die nicht von den Variablen aus $\mathbb{R}^m$ abhängt. Dann sind die Probleme

$$P : \quad \min_{(x,y) \in \mathbb{R}^n \times \mathbb{R}^m} f(x) \quad \text{s.t.} \quad (x, y) \in M$$

und

$$P_{\text{proj}} : \quad \min_{x \in \mathbb{R}^n} f(x) \quad \text{s.t.} \quad x \in \text{pr}_x M$$

in folgendem Sinne äquivalent:

a) Für jeden lokalen oder globalen Minimalpunkt $(x^\star, y^\star)$ von P ist $x^\star$ lokaler bzw. globaler Minimalpunkt von P_{proj}.
b) Für jeden lokalen oder globalen Minimalpunkt $x^\star$ von P_{proj} existiert ein $y^\star \in \mathbb{R}^m$, so dass $(x^\star, y^\star)$ lokaler bzw. globaler Minimalpunkt von P ist.
c) Die Minimalwerte von P und P_{proj} stimmen überein.

1.3.7 Übung (Epigraphumformulierung)   Gegeben seien $M \subseteq \mathbb{R}^n$ und eine Funktion $f : M \to \mathbb{R}$. Dann sind die Probleme

$$P : \quad \min_{x \in \mathbb{R}^n} \; f(x) \quad \text{s.t.} \quad x \in M$$

und

$$P_{\text{epi}} : \quad \min_{(x,\alpha) \in \mathbb{R}^n \times \mathbb{R}} \; \alpha \quad \text{s.t.} \quad f(x) \leq \alpha, \; x \in M$$

in folgendem Sinne äquivalent:

a) Für jeden lokalen oder globalen Minimalpunkt $x^\star$ von P ist $(x^\star, f(x^\star))$ lokaler bzw. globaler Minimalpunkt von P_{epi}.
b) Für jeden lokalen oder globalen Minimalpunkt $(x^\star, \alpha^\star)$ von P_{epi} ist $x^\star$ lokaler bzw. globaler Minimalpunkt von P.
c) Die Minimalwerte von P und P_{epi} stimmen überein.

1.3.8 Definition (Monotones Funktional)
Wir nennen $F : \mathbb{R}^k \to \mathbb{R}$ *monoton* (auf $\mathbb{R}^k$), falls

$$\forall x, y \in \mathbb{R}^k \text{ mit } x \leq y : \quad F(x) \leq F(y)$$

gilt. Die Ungleichungen zwischen Vektoren sind dabei komponentenweise zu verstehen.

1.3.6 Übung (Verallgemeinerte Epigraphumformulierung)   Gegeben seien $X \subseteq \mathbb{R}^n$, Funktionen $f : X \to \mathbb{R}^k$ und $g : X \to \mathbb{R}^\ell$ sowie monotone Funktionale $F : \mathbb{R}^k \to \mathbb{R}$ und $G : \mathbb{R}^\ell \to \mathbb{R}$. Dann sind die Probleme

$$P : \quad \min_{x \in \mathbb{R}^n} \; F(f(x)) \quad \text{s.t.} \quad G(g(x)) \leq 0, \quad x \in X$$

und

$$P_{\text{epi}} : \min_{(x,\alpha,\beta)\in\mathbb{R}^n\times\mathbb{R}^k\times\mathbb{R}^\ell} F(\alpha) \quad \text{s.t.} \quad G(\beta) \le 0,$$

$$f(x) \le \alpha,$$

$$g(x) \le \beta,$$

$$x \in X$$

in folgendem Sinne äquivalent:

a) Für jeden lokalen oder globalen Minimalpunkt $x^\star$ von P ist $(x^\star, f(x^\star), g(x^\star))$ lokaler bzw. globaler Minimalpunkt von P_{epi}.

b) Für jeden lokalen oder globalen Minimalpunkt $(x^\star, \alpha^\star, \beta^\star)$ von P_{epi} ist $x^\star$ lokaler bzw. globaler Minimalpunkt von P.

c) Die Minimalwerte von P und P_{epi} stimmen überein.

1.3.10 Übung Stellen Sie ein zu dem nichtglatten Optimierungsproblem

$$P : \min_{x\in\mathbb{R}^2} \ (\max\{x_1 + 3x_2, -x_1 + x_2\} + 2\max\{5x_1 - x_2, -3x_1 + x_2, x_1\})$$

$$\text{s.t.} \quad x_1 - x_2 + \max\{x_1 + 7x_2, 2x_1 - x_2\} + \max\{-x_1 - x_2, x_1 + 4x_2\} \le 0$$

äquivalentes lineares Optimierungsproblem auf.

Konvexe Optimierungsprobleme

2

Inhaltsverzeichnis

Für Minimierungsprobleme mit konvexer zulässiger Menge und auf ihr konvexer Zielfunktion lassen sich neben starken theoretischen Resultaten häufig auch effiziente Algorithmen angeben. Im Rahmen dieses Lehrbuchs betrachten wir Konvexität nur für hinreichend oft stetig differenzierbare Funktionen, was zu besonders übersichtlichen Resultaten führt, ohne

O. Stein, *Grundzüge der Globalen Optimierung*,
https://doi.org/10.1007/978-3-662-62534-7_2

die Anwendungsrelevanz zu sehr einzuschränken. Zur Übertragung dieser Ergebnisse auf nichtglatte Funktionen s. z. B. [33].

Nach einer Einführung in die Grundlagen konvexer Mengen und Funktionen in Abschn. 2.1 nutzen wir die zusätzliche Glattheitsvoraussetzung an konvexe Funktionen erstmals in Abschn. 2.2 aus, in dem wir die C^1-Charakterisierung von Konvexität beweisen. Obwohl Konvexität für die Lösbarkeit von Optimierungsproblemen keine entscheidenden Vorteile bringt, geben wir in Abschn. 2.3 zumindest ein partielles Resultat dazu an. Ebenfalls basierend auf der C^1-Charakterisierung von Konvexität charakterisieren wir in Abschn. 2.4 die Menge der globalen Minimalpunkte von *unrestringierten* Optimierungsproblemen durch die Lösung einer Gleichung.

Im anschließenden Abschn. 2.5 leiten wir mit der C^2-Charakterisierung von Konvexität eine handliche Möglichkeit dafür her, die Konvexität von Funktionen zu überprüfen. Zur Vollständigkeit geben wir in Abschn. 2.6 außerdem eine Charakterisierung von Konvexität per Monotonie der ersten Ableitung an. Optimalitätsbedingungen und Abschätzungen des Optimalwerts für *restringierte* konvexe Optimierungsprobleme fußen auf Dualitätsaussagen, die wir in Abschn. 2.7 beweisen. Abschn. 2.8 diskutiert danach eine Reihe algorithmischer Ansätze für konvexe Optimierungsprobleme, deren effizienteste ebenfalls auf der expliziten Ausnutzung von Dualität basieren.

2.1   Konvexität

2.1.1 Definition (Konvexe Mengen und Funktionen)

a) Eine Menge $X \subseteq \mathbb{R}^n$ heißt *konvex*, falls

$$\forall\, x, y \in X,\ \lambda \in (0, 1): \quad (1 - \lambda)x + \lambda y \in X$$

gilt (d. h., die Verbindungsstrecke von je zwei beliebigen Punkten in X gehört komplett zu X; Abb. 2.1).

b) Für eine konvexe Menge $X \subseteq \mathbb{R}^n$ heißt eine Funktion $f : X \to \mathbb{R}$ *konvex (auf X)*, falls

$$\forall\, x, y \in X,\ \lambda \in (0, 1): \quad f((1 - \lambda)x + \lambda y) \leq (1 - \lambda)f(x) + \lambda f(y)$$

gilt (d. h., der Funktionsgraph von f verläuft *unter* jeder seiner Sekanten; Abb. 2.2).

c) Für eine konvexe Menge $X \subseteq \mathbb{R}^n$ heißt eine Funktion $f : X \to \mathbb{R}$ *strikt konvex (auf X)*, falls in Teil b für $x \neq y$ sogar die strikte Ungleichung $<$ gilt (d. h., der Funktionsgraph von f verläuft echt unter jeder seiner Sekanten).

d) Für eine konvexe Menge $X \subseteq \mathbb{R}^n$ heißt eine Funktion $f : X \to \mathbb{R}$ *gleichmäßig konvex (auf X)*, falls mit einer Konstanten $c > 0$ die Funktion $f(x) - \frac{c}{2}\|x\|_2^2$ konvex auf X ist.

e) Für eine konvexe Menge $X \subseteq \mathbb{R}^n$ heißt eine Funktion $f : X \to \mathbb{R}$ *konkav, strikt konkav* oder *gleichmäßig konkav (auf X)*, falls $-f$ konvex, strikt konvex bzw. gleichmäßig konvex auf X ist.

Die folgenden Beispiele illustrieren das Konzept der Konvexität von Mengen und Funktionen.

- Die Mengen $\emptyset$ und $\mathbb{R}^n$ sind konvex.
- Die Menge $\{x \in \mathbb{R}^2 \mid x_1 \geq 0\}$ ist konvex (konvexe Mengen brauchen also nicht beschränkt zu sein).
- Die Menge $\{x \in \mathbb{R}^2 \mid x_1^2 + x_2^2 < 1\}$ ist konvex (konvexe Mengen brauchen also nicht abgeschlossen zu sein).

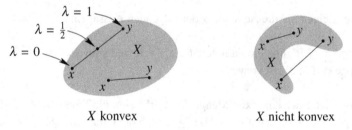

Abb. 2.1 Konvexität von Mengen in $\mathbb{R}^2$

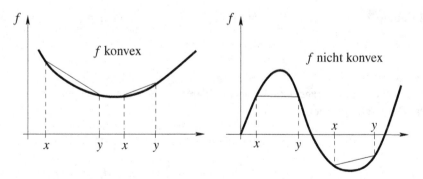

Abb. 2.2 Konvexität von Funktionen auf $\mathbb{R}$

- Die Funktion $f(x) = \sin(x)$ ist konkav auf $X_1 = [0, \pi]$, konvex auf $X_2 = [\pi, 2\pi]$ und weder konvex noch konkav auf $X_3 = [0, 2\pi]$.
- Die Funktion $f(x) = |x|$ ist konvex auf $\mathbb{R}$, und die Funktion $f(x) = -\sqrt{1 - x^2}$ ist konvex auf $[-1, 1]$ (konvexe Funktionen brauchen also nicht differenzierbar zu sein).
- Jede affin-lineare Funktion $f(x) = a^\mathsf{T} x + b$ mit $a \in \mathbb{R}^n$ und $b \in \mathbb{R}$ ist konvex, aber nicht strikt konvex.

Im Folgenden werden wir häufig affin-lineare Funktionen etwas lax als linear bezeichnen. Dies bedeutet genau genommen $b = 0$, aber eine solche Unterscheidung spielt im Rahmen dieses Lehrbuchs keine Rolle.

- Die Funktion $f(x) = (x - 5)^2$ ist gleichmäßig und damit auch strikt konvex auf $\mathbb{R}$ (Beispiel 2.5.11)).
- Die Funktion $f(x) = e^x$ ist strikt konvex, aber nicht gleichmäßig konvex auf $\mathbb{R}$ (Beispiel 2.5.12).
- Die Funktion $f(z) = \|(\|z - x^1\|_2, \ldots, \|z - x^m\|_2)^\mathsf{T}\|_2$ ist konvex auf $\mathbb{R}^n$.
- Die Funktion $f(z^1, .., z^q) = \sum_{i=1}^m \min_{\ell=1,\ldots,q} \|z^\ell - x^i\|$ mit $q \geq 2$ ist nicht konvex auf $\mathbb{R}^{nq}$.
- Der Begriff einer „konkaven Menge" existiert *nicht*.

2.1.2 Übung Zeigen Sie die Äquivalenz der folgenden Aussagen:

a) Die Menge $X \subseteq \mathbb{R}^n$ und die Funktion $f : X \to \mathbb{R}$ sind konvex.
b) Die Menge epi(f, X) ist konvex.

2.1.3 Übung Auf einer konvexen Menge $X \subseteq \mathbb{R}^n$ seien die Funktionen $f, g : X \to \mathbb{R}$ konvex. Zeigen Sie, dass dann für alle $\sigma, \mu \geq 0$ auch die Funktion $\sigma f + \mu g$ auf X konvex ist.

2.1.4 Übung Zeigen Sie, dass für jede Norm $\| \cdot \|$ auf $\mathbb{R}^n$ die Funktion $f(x) = \|x\|$ konvex auf $\mathbb{R}^n$ ist.

2.1.5 Definition (Konvexes Optimierungsproblem)
Das Optimierungsproblem

$$P : \quad \min f(x) \quad \text{s.t.} \quad x \in M$$

heißt *konvex*, falls die Menge M und die Funktion $f : M \to \mathbb{R}$ konvex sind.

Da $M = \mathbb{R}^n$ eine konvexe Menge ist, sind unrestringierte Probleme genau dann konvex, wenn f konvex auf $\mathbb{R}^n$ ist.

Der folgende Satz ist von zentraler Bedeutung für konvexe Optimierungsprobleme.

2.1.6 Satz

Das Optimierungsproblem P sei konvex. Dann ist jeder lokale Minimalpunkt von P auch globaler Minimalpunkt von P.

Beweis Der Punkt $\bar{x} \in M$ sei ein lokaler Minimalpunkt von P. Angenommen, $\bar{x}$ ist nicht globaler Minimalpunkt von P. Dann existiert ein $y \in M$ mit $f(y) < f(\bar{x})$. Die Punkte auf der Verbindungsstrecke von $\bar{x}$ und y, also $x(\lambda) = (1 - \lambda)\bar{x} + \lambda y$ mit $\lambda \in (0, 1)$, liegen wegen der Konvexität von M sämtlich in M, und wegen der Konvexität von f auf M gilt für alle $\lambda \in (0, 1)$

$$f(x(\lambda)) \leq (1 - \lambda)f(\bar{x}) + \lambda \underbrace{f(y)}_{< f(\bar{x})} < f(\bar{x}).$$

Folglich existiert für jede Umgebung U von $\bar{x}$ ein $\lambda \in (0, 1)$ mit $x(\lambda) \in U \cap M$ und $f(x(\lambda)) < f(\bar{x})$ (Abb. 2.3). Dies steht aber im Widerspruch dazu, dass $\bar{x}$ ein lokaler Minimalpunkt von P ist. Also ist die Annahme falsch, $\bar{x}$ sei kein globaler Minimalpunkt. $\square$

Bei konvexen Optimierungsproblemen P genügt es also, lediglich nach lokalen Minimalpunkten zu suchen, um globale Minimalpunkte zu finden. Der Grund für diesen Effekt besteht darin, dass Konvexität eine *globale* Voraussetzung an P ist.

Abb. 2.3 Beweisidee zu Satz 2.1.6

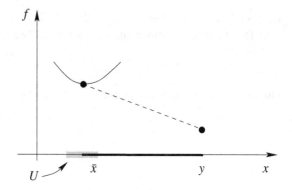

In Anwendungen ist die zulässige Menge M häufig nicht abstrakt gegeben, sondern wird durch Gleichungen und Ungleichungen beschrieben. Im Folgenden leiten wir Eigenschaften der beteiligten Funktionen her, die die Konvexität von M garantieren.

2.1.7 Übung Die Menge $X \subseteq \mathbb{R}^n$ und die Funktion $f : X \to \mathbb{R}$ seien konvex. Zeigen Sie, dass dann die untere Niveaumenge $\mathrm{lev}_{\leq}^{\alpha}(f, X)$ für jedes $\alpha \in \overline{\mathbb{R}}$ konvex ist. Zeigen Sie außerdem, dass die Umkehrung dieser Aussage falsch ist.

2.1.8 Übung Zeigen Sie, dass der Schnitt beliebig vieler konvexer Mengen wieder konvex ist.

2.1.9 Lemma
Die Funktionen $g_i : \mathbb{R}^n \to \mathbb{R}$, $i \in I$, mit beliebiger Indexmenge I seien konvex. Dann ist die Menge $M = \{x \in \mathbb{R}^n \mid g_i(x) \leq 0,\ i \in I\}$ konvex.

Beweis Aus der Darstellung

$$M = \bigcap_{i \in I} (g_i)_{\leq}^0$$

folgt mit Übung 2.1.7 und 2.1.8 die Behauptung. $\square$

Wir klären nun, wann für $h : \mathbb{R}^n \to \mathbb{R}$ die durch eine *Gleichung* beschriebene Menge $H = \{x \in \mathbb{R}^n \mid h(x) = 0\}$ konvex ist. Das Beispiel $h(x) = x_1^2 + x_2^2 - 1$ zeigt, dass Konvexität von h dafür *nicht* ausreicht. Wegen

$$h(x) = 0 \ \Leftrightarrow \ h(x) \leq 0 \ \text{und} \ -h(x) \leq 0$$

folgt mit Übung 2.1.7 und 2.1.8 aber, dass H konvex ist, falls sowohl h als auch $-h$ konvex sind. Dies ist gleichbedeutend damit, dass h gleichzeitig konvex und konkav ist, also

$$\forall\, x, y \in \mathbb{R}^n,\ \lambda \in (0, 1) : \quad h((1 - \lambda)x + \lambda y) = (1 - \lambda)h(x) + \lambda h(y)$$

gilt. Folglich ist für jede lineare Funktion h die Menge H konvex.

2.1.10 Definition (Konvex beschriebene Menge)

Wir nennen eine mit beliebigen Indexmengen I und J durch Ungleichungen und Gleichungen gegebene Menge

$$M = \left\{ x \in \mathbb{R}^n \mid g_i(x) \leq 0,\ i \in I,\ h_j(x) = 0,\ j \in J \right\}$$

konvex beschrieben, wenn die Funktionen $g_i : \mathbb{R}^n \to \mathbb{R}$, $i \in I$, konvex und die Funktionen $h_j : \mathbb{R}^n \to \mathbb{R}$, $j \in J$, linear sind.

In dieser Terminologie liefern unsere Vorüberlegungen folgendes Resultat.

2.1.11 Lemma

Jede konvex beschriebene Menge ist konvex.

2.1.12 Beispiel

Falls f, g_i, $i \in I$, auf $\mathbb{R}^n$ konvexe und h_j, $j \in J$, lineare Funktionen sind, dann ist

$$P: \quad \min\ f(x) \quad \text{s.t.} \quad g_i(x) \leq 0,\ i \in I,\ h_j(x) = 0,\ j \in J,$$

ein konvexes Optimierungsproblem. In diesem Fall nennen wir P ein *konvex beschriebenes* Optimierungsproblem. ◀

2.1.13 Beispiel

Die hinreichende Bedingung für Konvexität von M aus Lemma 2.1.11 ist *nicht* notwendig, d. h., es gibt konvexe Mengen, die nicht konvex beschrieben sind. Dies erkennt man etwa an der in Beispiel 1.1.7 betrachteten Epigraphumformulierung des Problems, das Zentrum einer Punktewolke mit Maximumsnorm als äußerer Norm zu bestimmen: Die zu den Restriktionen $\|z - x^i\|_2 \leq \alpha$ gehörigen Restriktionsfunktionen $g_i(z, \alpha) := \|z - x^i\|_2 - \alpha$, $i = 1, \dots, m$, sind konvex auf $\mathbb{R}^n \times \mathbb{R}$, so dass die zulässige Menge des dortigen Problems P_{epi} nach Lemma 2.1.11 jedenfalls konvex ist. Möchte man aber die Nichtdifferenzierbarkeit der Funktionen g_i durch die Äquivalenzumformung

$$\|z - x^i\|_2 \leq \alpha \quad \Leftrightarrow \quad \|z - x^i\|_2^2 \leq \alpha^2,\ \alpha \geq 0$$

vermeiden, so sind die neuen Restriktionsfunktionen $G_i(z, \alpha) := \|z - x^i\|_2^2 - \alpha^2$, $i = 1, \dots, m$, zwar differenzierbar, aber nicht mehr konvex (wegen des Terms $-\alpha^2$).

Durch die Äquivalenzumformung hat sich natürlich die *Geometrie* der zulässigen Menge nicht geändert. Sie ist also nach wie vor konvex, wird nun aber durch nichtkonvexe Ungleichungsrestriktionen beschrieben. In solchen Fällen, in denen Mengen ohne eine vorliegende konvexe Beschreibung trotzdem konvex sind, spricht man auch von *versteckter Konvexität*. ◄

2.1.14 Beispiel (Lineare Optimierung)

Mit $c \in \mathbb{R}^n$, $b \in \mathbb{R}^m$ und einer (m, n)-Matrix

$$A = \begin{pmatrix} a_1^{\mathsf{T}} \\ \vdots \\ a_m^{\mathsf{T}} \end{pmatrix}$$

mit $a_i \in \mathbb{R}^n$, $i = 1, \ldots, m$, ist

$$P : \quad \min c^{\mathsf{T}} x \quad \text{s.t.} \quad Ax \leq b$$

ein lineares Optimierungsproblem (die Ungleichungsnebenbedingungen können sowohl eine Nichtnegativitätsbedingung $x \geq 0$ enthalten als auch Gleichungen modellieren). P ist auch ein *konvexes* Optimierungsproblem, denn mit den Setzungen $f(x) = c^{\mathsf{T}} x$, $I = \{1, \ldots, m\}$ und $g_i(x) = a_i^{\mathsf{T}} x - b_i$, $i \in I$, sind $f, g_i : \mathbb{R}^n \to \mathbb{R}$, $i \in I$, linear und damit konvex auf $\mathbb{R}^n$. So setzt man etwa für das lineare Optimierungsproblem

$$\min x_1 + x_2 \quad \text{s.t.} \quad x \geq 0$$

$f(x) := x_1 + x_2$, $g_1(x) := -x_1$ und $g_2(x) := -x_2$. ◄

2.2   Die C^1-Charakterisierung von Konvexität

Bevor wir in Abschn. 2.2.2 die C^1-Charakterisierung von Konvexität behandeln, führen wir in Abschn. 2.2.1 zunächst die erforderliche Notation und einige Ergebnisse für mehrdimensionale erste Ableitungen ein.

2.2.1   Mehrdimensionale erste Ableitungen

Für eine nichtleere offene Menge $U \subseteq \mathbb{R}^n$ und eine Funktion $f : U \to \mathbb{R}$ bezeichnen wir im Folgenden mit $\partial_{x_i} f(\bar{x})$ die partielle Ableitung von f nach x_i an der Stelle $\bar{x} \in U$ (sofern die Ableitung existiert). Beispielsweise für $U = \mathbb{R}^2$ und $f(x) = x_1^2 + x_2$ gilt $\partial_{x_1} f(x) = 2x_1$ und $\partial_{x_2} f(x) = 1$. Die Auswertung etwa an der Stelle $\bar{x} = (1, -1)^{\mathsf{T}}$ liefert $\partial_{x_1} f(\bar{x}) = 2$ und $\partial_{x_2} f(\bar{x}) = 1$.

Als *erste Ableitung* von f an $\bar{x}$ betrachtet man den *Zeilenvektor*

$$Df(\bar{x}) := (\partial_{x_1} f(\bar{x}), \ldots, \partial_{x_n} f(\bar{x})).$$

Der *Spaltenvektor* $\nabla f(\bar{x}) := (Df(\bar{x}))^\mathsf{T}$ heißt auch *Gradient* von f an $\bar{x}$. Im Fall $n = 1$ gilt $Df(\bar{x}) = \nabla f(\bar{x}) = f'(\bar{x})$. Beispielsweise erhalten wir für $f(x) = x_1^2 + x_2$ als erste Ableitung und Gradient an $\bar{x} = (1, -1)^\mathsf{T}$

$$Df(\bar{x}) = (2, 1) \quad \text{bzw.} \quad \nabla f(\bar{x}) = \begin{pmatrix} 2 \\ 1 \end{pmatrix}.$$

Die Funktion f heißt auf U *stetig differenzierbar*, falls ∇f auf U existiert und eine stetige Funktion von x ist. Man schreibt dann kurz $f \in C^1(U, \mathbb{R})$. Für eine nicht notwendigerweise offene Menge $X \subseteq \mathbb{R}^n$ bedeutet die Forderung $f \in C^1(X, \mathbb{R})$, dass es eine offene Obermenge $U \supseteq X$ mit $f \in C^1(U, \mathbb{R})$ gibt.

Für eine *vektorwertige* Funktion

$$f : \mathbb{R}^n \to \mathbb{R}^m, \quad x \mapsto \begin{pmatrix} f_1(x) \\ \vdots \\ f_m(x) \end{pmatrix}$$

definiert man die erste Ableitung an $\bar{x}$ als

$$Df(\bar{x}) := \begin{pmatrix} Df_1(\bar{x}) \\ \vdots \\ Df_m(\bar{x}) \end{pmatrix}.$$

Dies ist eine (m, n)-Matrix, die *Jacobi-Matrix* oder *Funktionalmatrix* von f an $\bar{x}$ genannt wird. Beispielsweise erhalten wir für die Funktion

$$f(x) = \begin{pmatrix} x_1^2 + x_2 \\ x_1 - x_2^2 \\ x_1 x_2 \end{pmatrix}$$

die Jacobi-Matrix

$$Df(x) = \begin{pmatrix} 2x_1 & 1 \\ 1 & -2x_2 \\ x_2 & x_1 \end{pmatrix}.$$

Ihre Auswertung etwa an $\bar{x} = (1, -1)^\mathsf{T}$ lautet

$$Df(\bar{x}) = \begin{pmatrix} 2 & 1 \\ 1 & 2 \\ -1 & 1 \end{pmatrix}.$$

Eine wichtige Rechenregel für differenzierbare Funktionen ist die *Kettenregel,* deren Beweis man zum Beispiel in [16] findet.

2.2.1 Satz (Kettenregel)

Es seien $g : \mathbb{R}^n \to \mathbb{R}^m$ *differenzierbar an* $\bar{x} \in \mathbb{R}^n$ *und* $f : \mathbb{R}^m \to \mathbb{R}^k$ *differenzierbar an* $g(\bar{x}) \in \mathbb{R}^m$. *Dann ist* $f \circ g : \mathbb{R}^n \to \mathbb{R}^k$ *differenzierbar an* $\bar{x}$ *mit*

$$D(f \circ g)(\bar{x}) = Df(g(\bar{x})) \cdot Dg(\bar{x}).$$

Ein wesentlicher Grund dafür, die Jacobi-Matrix einer Funktion wie oben zu definieren, besteht darin, dass die Kettenregel dann völlig analog zum eindimensionalen Fall ($n = m = k = 1$) formuliert werden kann, obwohl das auftretende Produkt ein Matrixprodukt ist.

Der folgende Satz wird beispielsweise in [13, 16] bewiesen und in Abb. 2.4 illustriert.

2.2.2 Satz (Linearisierung per Satz von Taylor im $\mathbb{R}^n$)

Für eine nichtleere, offene und konvexe Menge $U \subseteq \mathbb{R}^n$ *sei die Funktion* $f : U \to \mathbb{R}$ *differenzierbar an* $x \in U$. *Dann gilt für alle* $y \in U$

$$f(y) = f(x) + \langle \nabla f(x), y - x \rangle + o(\|y - x\|),$$

wobei $o(\|y - x\|)$ *einen Ausdruck der Form* $\omega(y)\|y - x\|$ *mit einer an* x *stetigen Funktion* ω *und* $\omega(x) = 0$ *bezeichnet.*

Der „qualitative" Fehlerterm in Satz 2.2.2 lässt sich dabei etwas expliziter mit Hilfe des *Lagrange-Restglieds* angeben:

$$o(\|y - x\|) = \langle \nabla f(\xi), y - x \rangle - \langle \nabla f(x), y - x \rangle,$$

wobei ξ ein nicht näher bekannter Punkt auf der Verbindungsstrecke zwischen x und y ist. Die dadurch entstehende Aussage

$$f(y) = f(x) + \langle \nabla f(\xi), y - x \rangle$$

ist auch als *Mittelwertsatz* bekannt.

Abb. 2.4 Lineare Approximation von f um x für $n = 1$

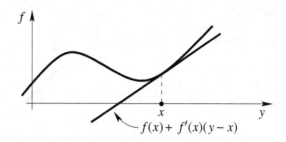

$$f(x) + f'(x)(y - x)$$

2.2.2 C^1-Charakterisierung

Der folgende Satz spielt eine zentrale Rolle bei der Untersuchung glatter konvexer Funktionen. Für *nichtglatte* konvexe Funktionen benutzt man seine Aussage, um als Ersatz für die erste Ableitung das konvexe *Subdifferential* zu definieren [33].

2.2.3 Satz (C^1-Charakterisierung von Konvexität)
Auf einer konvexen Menge $X \subseteq \mathbb{R}^n$ ist eine Funktion $f \in C^1(X, \mathbb{R})$ genau dann konvex, wenn

$$\forall\, x, y \in X: \quad f(y) \geq f(x) + \langle \nabla f(x), y - x \rangle$$

gilt.

Beweis f sei konvex auf X, und U sei eine konvexe offene Obermenge von X, auf der f stetig differenzierbar ist. Dann gilt nach Satz 2.2.2 (mit $z := (1 - \lambda)x + \lambda y$ in der Rolle von y) für alle $x, y \in X$ und $\lambda \in (0, 1)$

$$\begin{aligned}
(1 - \lambda)f(x) + \lambda f(y) \geq f((1 - \lambda)x + \lambda y) &= f(z) \\
&= f(x) + \langle \nabla f(x), z - x \rangle + o(\|z - x\|) \\
&= f(x) + \lambda \langle \nabla f(x), y - x \rangle + o(\lambda \|y - x\|),
\end{aligned}$$

wobei $o(\|z - x\|)$ einen Ausdruck der Form $\omega(z)\|z - x\|$ mit einer an x stetigen Funktion ω und $\omega(x) = 0$ bezeichnet. Nach Umstellung und Division durch λ folgt daraus

$$f(y) \geq f(x) + \langle \nabla f(x), y - x \rangle + \omega((1 - \lambda)x + \lambda y)\|y - x\|.$$

Der Grenzübergang $\lambda \to 0$ liefert wegen der Stetigkeit von ω an x und $\omega(x) = 0$ die gewünschte Ungleichung für alle $x, y \in X$.

Abb. 2.5 C^1-
Charakterisierung von
Konvexität für $n = 1$

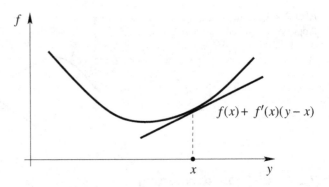

Es seien andererseits $x, y \in X$, $\lambda \in (0, 1)$ und wieder $z := (1 - \lambda)x + \lambda y$. Dann gelten die beiden Ungleichungen

$$f(x) \geq f(z) + \langle \nabla f(z), x - z \rangle,$$
$$f(y) \geq f(z) + \langle \nabla f(z), y - z \rangle.$$

Deren Konvexkombination liefert

$$(1 - \lambda)f(x) + \lambda f(y) \geq f(z) + \langle \nabla f(z), \underbrace{(1 - \lambda)(x - z) + \lambda(y - z)}_{= (1-\lambda)x + \lambda y - z = 0} \rangle$$

$$= f(z) = f((1 - \lambda)x + \lambda y)$$

und damit die Konvexität von f auf X.   □

Die C^1-Charakterisierung besagt, dass eine C^1-Funktion genau dann konvex auf X ist, wenn ihr Graph *über* jeder seiner Tangentialebenen verläuft (Abb. 2.5).

Eine gründliche Durchsicht des Beweises zu Satz 2.2.3 zeigt, dass die *Stetigkeit* der ersten Ableitung von f nirgends erforderlich ist. Es reicht also auch, eine auf X differenzierbare Funktion f vorauszusetzen. Die meisten in Anwendungen auftretenden differenzierbaren Funktionen sind allerdings auch gleichzeitig stetig differenzierbar, so dass sich die C^1-Voraussetzung eingebürgert hat.

C^1-Charakterisierungen von *strikter* und *gleichmäßiger* Konvexität sind ebenfalls bekannt (z. B. [[18], Theorem 4.1.1]).

2.3   Lösbarkeit konvexer Optimierungsprobleme

Für die Lösbarkeit von P ist Konvexität alleine kein wesentlicher Vorteil: Sowohl $f_1(x) = (x - 5)^2$ als auch $f_2(x) = e^x$ sind sogar strikt konvex auf $\mathbb{R}$, aber nur f_1 besitzt einen globalen Minimalpunkt auf $\mathbb{R}$. Im Folgenden werden wir sehen, dass der entscheidende Vorteil von f_1 gegenüber f_2 die *gleichmäßige* Konvexität ist.

2.3.1 Übung Für eine konvexe Menge $X \subseteq \mathbb{R}^n$ sei $f : X \to \mathbb{R}$ gleichmäßig konvex. Zeigen Sie, dass f dann auch strikt konvex auf X ist.

2.3.2 Lemma
Für eine abgeschlossene und konvexe Menge $X \subseteq \mathbb{R}^n$ sei $f : X \to \mathbb{R}$ gleichmäßig konvex. Dann ist f auch

a) *koerziv auf X und*
b) *stetig auf dem Inneren von X.*

Beweis Wir geben die grundlegende Beweisidee für Aussage a unter der zusätzlichen Annahme der stetigen Differenzierbarkeit von f auf X an.

Für $X = \emptyset$ ist nichts zu zeigen. Ansonsten setzen wir im Folgenden ohne Beschränkung der Allgemeinheit $0 \in X$ voraus (ansonsten ersetze mit einem $\bar{x} \in X$ die Variable x durch $y = x - \bar{x}$ und argumentiere, dass die Behauptung unabhängig von dieser Verschiebung gilt). Aufgrund der gleichmäßigen Konvexität von f auf X gilt zunächst für ein $c > 0$

$$f(x) \; = \; F(x) + \frac{c}{2}\|x\|_2^2$$

mit der auf X konvexen Funktion $F(x) = f(x) - \frac{c}{2}\|x\|_2^2$. Damit hieraus wie gewünscht $\lim_{\|x\|_2 \to \infty} f(x) = +\infty$ folgen kann, darf $F(x)$ für $\|x\|_2 \to \infty$ nicht „zu schnell" gegen $-\infty$ streben. Um dies zu sehen, dürfen wir die C^1-Charakterisierung von Konvexität aus Satz 2.2.3 benutzen, da mit f auch F stetig differenzierbar auf X ist:

$$\forall \, x \in X : \quad F(x) \; \geq \; F(0) + \langle \nabla F(0), x \rangle \; \geq \; f(0) - \|\nabla f(0)\|_2 \cdot \|x\|_2 \, ,$$

wobei die zweite Abschätzung aus der Cauchy-Schwarz-Ungleichung und der Definition von F folgt. Sie bedeutet, dass F für $\|x\|_2 \to \infty$ „höchstens mit linearer Geschwindigkeit" gegen $-\infty$ fallen kann.

Insgesamt erhalten wir

$$\forall \, x \in X : \quad f(x) \; = \; F(x) + \frac{c}{2}\|x\|_2^2 \; \geq \; f(0) - \|\nabla f(0)\|_2 \cdot \|x\|_2 + \frac{c}{2}\|x\|_2^2 \, ,$$

woraus die Koerzivität von f auf X folgt.

Falls die stetige Differenzierbarkeit von f nicht vorliegt, verläuft der Beweis völlig analog durch Betrachtung eines Elements des Subdifferentials von F anstelle der C^1-

Charakterisierung von F, auf dessen Einführung wir im Rahmen dieses Lehrbuchs allerdings verzichten und stattdessen auf [3, 18, 33] verweisen.

Dort wird auch gezeigt, dass jede auf X konvexe Funktion auf dem Inneren von X stetig ist. Nach Übung 2.3.1 ist die gleichmäßig konvexe Funktion f auch strikt konvex und damit insbesondere konvex auf X, so dass Behauptung b folgt.   □

2.3.3 Satz

Das Optimierungsproblem P sei konvex. Dann gelten die folgenden Aussagen:

a) *Die Menge der Minimalpunkte S ist konvex.*
b) *Falls f strikt konvex auf M ist, dann besitzt S höchstens ein Element.*
c) *Es sei M nichtleer und abgeschlossen, und f sei gleichmäßig konvex und stetig auf M. Dann besitzt S genau ein Element (d. h., P ist eindeutig lösbar).*

Beweis Im Fall $S = \emptyset$ (z. B. $f(x) = e^x$, $M = \mathbb{R}$) gelten Aussage a und b trivialerweise. Es sei also $S \neq \emptyset$. Dann gibt es ein $\bar{x} \in S$, und mit $v = f(\bar{x})$ gilt $S = \text{lev}_{\leq}^{v}(f, M)$. Mit Übung 2.1.7 folgt daraus die Aussage a.

Um Aussage b zu beweisen, nehmen wir an, es existiere ein Punkt $\tilde{x} \in S \setminus \{\bar{x}\}$. Dann gilt $f(\bar{x}) = f(\tilde{x}) = v$ und nach Aussage a auch $f(\frac{1}{2}\bar{x} + \frac{1}{2}\tilde{x}) = v$. Die strikte Konvexität von f auf M erzeugt damit aber den Widerspruch

$$v = f\left(\frac{1}{2}\bar{x} + \frac{1}{2}\tilde{x}\right) < \frac{1}{2}f(\bar{x}) + \frac{1}{2}f(\tilde{x}) = v.$$

Für den Beweis von Aussage c folgt aus Übung 2.3.1 und Aussage b sofort, dass S *höchstens* ein Element enthält. Nach Lemma 2.3.2a ist f außerdem koerziv auf M. Nach Korollar 1.2.33 enthält S also auch *mindestens* ein Element.   □

Angemerkt sei, dass die Stetigkeitsforderung an f in Satz 2.3.3c nach Lemma 2.3.2b unnötig ist, falls die Menge M mit ihrem Inneren übereinstimmt (unter den Voraussetzungen von Satz 2.3.3c also für $M = \mathbb{R}^n$).

2.4 Optimalitätsbedingungen für unrestringierte konvexe Probleme

Wir betrachten im Folgenden das unrestringierte Problem

$$P : \quad \min\ f(x).$$

Allgemeiner bezeichnet man auch Probleme mit *offener* zulässiger Menge M als unrestringiert (grob gesagt, weil auch bei diesen Problemen keine „Randeffekte" auftreten können). Tatsächlich lassen sich die im Folgenden besprochenen Optimalitätsbedingungen ohne Weiteres auf diesen Fall übertragen, was wir aus Gründen der Übersichtlichkeit aber nicht explizit angeben werden.

2.4.1 Definition (Kritischer Punkt)

Ein Punkt $\bar{x} \in \mathbb{R}^n$ heißt *kritisch* (oder *stationär*) für $f \in C^1(\mathbb{R}^n, \mathbb{R})$, falls $\nabla f(\bar{x}) = 0$ gilt.

Der folgende grundlegende Satz gilt ohne Konvexitätsannahme und wird zum Beispiel in [34] bewiesen.

2.4.2 Satz (Fermat'sche Regel – notwendige Optimalitätsbedingung)

Der Punkt $\bar{x} \in \mathbb{R}^n$ sei lokal minimal für $f \in C^1(\mathbb{R}^n, \mathbb{R})$. Dann ist $\bar{x}$ kritischer Punkt von f.

Beispielsweise ist $\bar{x} = (0, 0)^\mathsf{T}$ sowohl lokaler Minimalpunkt als auch kritischer Punkt der Funktion $f_1(x) = x_1^2 + x_2^2$. Allerdings ist $\bar{x} = (0, 0)^\mathsf{T}$ *kein* lokaler Minimalpunkt, aber *trotzdem* kritischer Punkt der Funktion $f_2(x) = -x_1^2 - x_2^2$ und auch von $f_3(x) = x_1^2 - x_2^2$. Folglich ist nicht jeder kritische Punkt notwendigerweise lokaler Minimalpunkt einer C^1-Funktion f. Da auch nicht jeder *lokale* Minimalpunkt einer allgemeinen Funktion f gleichzeitig *globaler* Minimalpunkt ist, liefert Satz 2.4.2 das Mengendiagramm in Abb. 2.6.

Abb. 2.6 Notwendige Optimalitätsbedingung im unrestringierten Fall

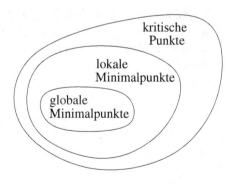

In den folgenden beiden Beispielen genügen diese Zusammenhänge allerdings bereits, um globale Minimalpunkte zu bestimmen.

2.4.3 Beispiel (Zentrum einer Punktewolke – Fortsetzung 4)

Für die Funktion f aus Beispiel 1.1.5 gilt

$$f(z) = \left\| \begin{pmatrix} \|z - x^1\|_2 \\ \vdots \\ \|z - x^m\|_2 \end{pmatrix} \right\|_2 = \sqrt{\sum_{i=1}^{m} \|z - x^i\|_2^2}$$

$$= \sqrt{\sum_{i=1}^{m} \underbrace{(z - x^i)^\mathsf{T}(z - x^i)}_{z^\mathsf{T}z - 2z^\mathsf{T}x^i + (x^i)^\mathsf{T}x^i}} = \sqrt{m z^\mathsf{T}z - 2z^\mathsf{T} \sum_{i=1}^{m} x^i + \sum_{i=1}^{m} \|x^i\|_2^2},$$

so dass f nicht differenzierbar ist und Satz 2.4.2 nicht angewendet werden kann. Nach Übung 1.3.5 mit $\psi(y) = y^2$ und $Y = \{y \in \mathbb{R} \mid y \geq 0\}$ besitzt f aber dieselben Minimalpunkte wie die stetig differenzierbare Funktion

$$f^2(z) = m z^\mathsf{T}z - 2z^\mathsf{T} \sum_{i=1}^{m} x^i + \sum_{i=1}^{m} \|x^i\|_2^2.$$

Kritische Punkte dieser Funktion sind genau die Lösungen der Gleichung

$$0 = \nabla(f^2(z)) = 2mz - 2\sum_{i=1}^{m} x^i,$$

also besitzt f^2 den eindeutigen kritischen Punkt

$$\bar{z} = \frac{1}{m} \sum_{i=1}^{m} x^i.$$

Tatsächlich ist $\bar{z}$ auch globaler Minimalpunkt von f^2 sowie von f, wie man durch folgende Argumentation sieht: Nach Beispiel 1.2.34 *existiert* zunächst ein globaler Minimalpunkt $\tilde{z}$ von f und damit auch von f^2 auf $\mathbb{R}^n$. Aufgrund der Fermat'schen Regel (Satz 2.4.2) muss $\tilde{z}$ kritischer Punkt von f^2 sein. Der *einzige* kritische Punkt von f^2 ist aber das gerade berechnete $\bar{z}$, so dass nur $\tilde{z} = \bar{z}$ gelten kann. Also ist $\bar{z}$ globaler Minimalpunkt von f auf $\mathbb{R}^n$.

In Abschn. 2.5 werden wir außerdem nachweisen, dass f^2 eine auf $\mathbb{R}^n$ konvexe Funktion ist, was es ermöglichen wird, die globale Minimalität von $\bar{z}$ alternativ zu beweisen, *ohne* zunächst die Lösbarkeit des zugrunde liegenden Optimierungsproblems zu zeigen. ◄

2.4.4 Beispiel (Maximum-Likelihood-Schätzer – Fortsetzung 3)

Die Zielfunktion $f(\lambda) = \lambda\bar{x} - \log(\lambda)$ mit $\bar{x} > 0$ des Problems P_{ML} aus Beispiel 1.2.39 erfüllt $f'(\lambda) = \bar{x} - 1/\lambda$, besitzt als eindeutigen kritischen Punkt also $\bar{\lambda} = 1/\bar{x}$.

Wie in Beispiel 2.4.3 lässt sich nun argumentieren, dass $\bar{\lambda} = 1/\bar{x}$ globaler Minimalpunkt von P_{ML} und damit der gesuchte Maximum-Likelihood-Schätzer der Exponentialverteilung ist: Nach Beispiel 1.2.44 *existiert* zunächst ein globaler Minimalpunkt $\widetilde{\lambda}$ von P_{ML}. Da sich Optimierungsprobleme mit *offenen* zulässigen Mengen wie *unrestringierte* Optimierungsprobleme behandeln lassen, muss $\widetilde{\lambda}$ nach der Fermat'schen Regel ein kritischer Punkt von f sein. *Einziger* kritischer Punkt von f ist aber das gerade berechnete $\bar{\lambda}$, woraus die Behauptung folgt.

In Abschn. 2.5 werden wir außerdem sehen, dass f auf der zulässigen Menge $(0, +\infty)$ von P_{ML} konvex ist, was es wieder ermöglichen wird, die globale Minimalität von $\bar{\lambda}$ alternativ zu beweisen, *ohne* zunächst die Lösbarkeit von P_{ML} zu zeigen. ◂

Die in den vorausgegangenen Beispielen angedeutete alternative Beweismöglichkeit basiert darauf, dass der Zusammenhang zwischen kritischen Punkten und globalen Minimalpunkten erheblich übersichtlicher wird, falls $f \in C^1(\mathbb{R}^n, \mathbb{R})$ zusätzlich *konvex* ist.

2.4.5 Satz (Hinreichende Optimalitätsbedingung)
Die Funktion $f \in C^1(\mathbb{R}^n, \mathbb{R})$ sei konvex. Dann ist jeder kritische Punkt von f globaler Minimalpunkt von f.

Beweis Der Punkt x sei kritisch für f, d. h., es gelte $\nabla f(x) = 0$. Mit Satz 2.2.3 folgt

$$\forall\, y \in \mathbb{R}^n: \quad f(y) \geq f(x) + \langle \underbrace{\nabla f(x)}_{=0}, y - x \rangle = f(x),$$

also die Behauptung. □

Abb. 2.7 zeigt die in Satz 2.4.5 bewiesene Relation zwischen kritischen Punkten und globalen Minimalpunkten in einem Mengendiagramm. Insgesamt erhalten wir das folgende wichtige Resultat.

2.4.6 Korollar (Charakterisierung globaler Minimalpunkte)
Die Funktion $f \in C^1(\mathbb{R}^n, \mathbb{R})$ sei konvex. Dann sind die globalen Minimalpunkte genau die kritischen Punkte von f.

Abb. 2.7 Hinreichende
Optimalitätsbedingung im
unrestringierten Fall

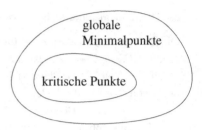

Beweis Satz 2.4.2 und Satz 2.4.5.   □

Zur Bestimmung globaler Minimalpunkte unrestringierter konvexer C^1-Probleme genügt es also nicht nur, lokale Minimalpunkte zu suchen (wie schon in Satz 2.1.6 gesehen), sondern sogar nur kritische Punkte. Das globale Minimierungsproblem ist damit auf das Lösen der Gleichung $\nabla f(x) = 0$ zurückgeführt.

Insbesondere erhält man auch eine Aussage zur Lösbarkeit: Die Funktion f besitzt genau dann einen globalen Minimalpunkt auf $\mathbb{R}^n$, wenn f einen kritischen Punkt besitzt. Beispielsweise erfüllt die konvexe C^1-Funktion $f(x) = e^x$ die Ungleichung $f'(x) = e^x > 0$ für alle $x \in \mathbb{R}$, besitzt also keinen kritischen Punkt. Damit ist klar, dass f auf $\mathbb{R}$ auch keinen globalen Minimalpunkt besitzt.

2.5   Die C^2-Charakterisierung von Konvexität

Bevor wir in Abschn. 2.5.2 C^2-Charakterisierungen der verschiedenen Arten von Konvexität diskutieren, führen wir in Abschn. 2.5.1 zunächst wieder die erforderliche Notation und einige Ergebnisse für mehrdimensionale zweite Ableitungen ein.

2.5.1   Die mehrdimensionale zweite Ableitung

Für eine nichtleere offene Menge $U \subseteq \mathbb{R}^n$ und $f : U \to \mathbb{R}$ definiert man die *zweite Ableitung* als erste Ableitung des Gradienten (sofern sie existiert):

$$D^2 f(x) := D\nabla f(x) = \begin{pmatrix} \partial_{x_1}\partial_{x_1} f(x) & \cdots & \partial_{x_n}\partial_{x_1} f(x) \\ \vdots & & \vdots \\ \partial_{x_1}\partial_{x_n} f(x) & \cdots & \partial_{x_n}\partial_{x_n} f(x) \end{pmatrix}.$$

Beispielsweise gilt für die Funktion $f(x) = x_1^2 + x_2$

$$D^2 f(x) = D \begin{pmatrix} 2x_1 \\ 1 \end{pmatrix} = \begin{pmatrix} 2 & 0 \\ 0 & 0 \end{pmatrix}.$$

Die Matrix $D^2 f(\bar{x})$ heißt *Hesse-Matrix* von f an $\bar{x}$ und ist stets eine (n, n)-Matrix. Falls alle Einträge von $D^2 f$ stetige Funktionen von x sind, nennt man f auf U *zweimal stetig differenzierbar*, kurz $f \in C^2(U, \mathbb{R})$. In diesem Fall ist $D^2 f(x)$ für $x \in U$ sogar symmetrisch (nach dem Satz von Schwarz [16]). Die Forderung $f \in C^2(X, \mathbb{R})$ mit einer beliebigen Menge $X \subseteq \mathbb{R}^n$ bedeutet wieder, dass es eine offene Obermenge $U \supseteq X$ mit $f \in C^2(U, \mathbb{R})$ gibt. Für $n = 1$ gilt $D^2 f(\bar{x}) = f''(\bar{x})$.

Auch der nächste Satz wird beispielsweise in [13, 16] gezeigt. Abb. 2.8 illustriert das Resultat.

2.5.1 Satz (Quadratische Approximation per Satz von Taylor im $\mathbb{R}^n$)

Für eine nichtleere, offene und konvexe Menge $U \subseteq \mathbb{R}^n$ sei die Funktion $f : U \to \mathbb{R}$ zweimal differenzierbar an $x \in U$. Dann gilt für alle $y \in U$

$$f(y) = f(x) + \langle \nabla f(x), y - x \rangle + \tfrac{1}{2}(y - x)^\mathsf{T} D^2 f(x)(y - x) + o(\|y - x\|^2).$$

Der qualitative Fehlerterm lässt sich dabei expliziter mit Hilfe des Lagrange-Restglieds angeben:

$$o(\|y - x\|^2) = \tfrac{1}{2}(y - x)^\mathsf{T} D^2 f(\xi)(y - x) - \tfrac{1}{2}(y - x)^\mathsf{T} D^2 f(x)(y - x),$$

wobei ξ ein nicht näher bekannter Punkt auf der Verbindungsstrecke zwischen x und y ist.

Im Rahmen von Optimierungsproblemen entscheidende Eigenschaften der Hesse-Matrix einer Funktion sind durch die folgenden Begriffe gegeben. Eine (n, n)-Matrix A heißt *positiv semidefinit* (kurz: $A \succeq 0$), wenn

$$\forall d \in \mathbb{R}^n : \quad d^\mathsf{T} A d \geq 0$$

Abb. 2.8 Quadratische Approximation von f um x für $n = 1$

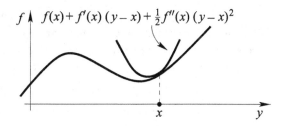

gilt, und *positiv definit* (kurz: $A \succ 0$), wenn diese Ungleichung für alle $d \neq 0$ sogar strikt ist. Positive (Semi-)Definitheit einer Matrix ist per Definition allerdings oft nur schwer überprüfbar. In der linearen Algebra wird für *symmetrische* Matrizen A glücklicherweise gezeigt [8, 21], dass $A \succeq 0$ ($\succ 0$) genau dann erfüllt ist, wenn $\lambda \geq 0$ (> 0) für alle *Eigenwerte* λ von A gilt (für eine Einführung zu Eigenwerten s. z. B. den Anhang von [28]). Dies ist erheblich leichter zu überprüfen. Für $n = 1$ kollabiert A zu einem Skalar, und man macht sich dann leicht die Äquivalenz von $A \succeq 0$ ($\succ 0$) mit $A \geq 0$ (> 0) klar.

Wir können nun die folgende Optimalitätsbedingung formulieren, die ohne Konvexitätsannahmen gilt und per Satz 2.5.1 bewiesen wird (z. B. [34]).

2.5.2 Satz (Notwendige Optimalitätsbedingung zweiter Ordnung)
Der Punkt $\bar{x}$ sei lokaler Minimalpunkt von $f : \mathbb{R}^n \to \mathbb{R}$, und f sei an $\bar{x}$ zweimal differenzierbar. Dann gilt $\nabla f(\bar{x}) = 0$ und $D^2 f(\bar{x}) \succeq 0$.

2.5.2 C^2-Charakterisierungen

In diesem Abschnitt geben wir nützliche Bedingungen an, mit denen man Konvexität, strikte Konvexität sowie gleichmäßige Konvexität von Funktionen überprüfen kann, sofern sie zweimal stetig differenzierbar sind.

2.5.3 Satz (C^2-Charakterisierung von Konvexität)
Auf einer konvexen Menge $X \subseteq \mathbb{R}^n$ sei die Funktion $f \in C^2(X, \mathbb{R})$ gegeben.

a) *Falls*

$$\forall x \in X : \quad D^2 f(x) \succeq 0$$

   gilt, dann ist f auf X konvex.
b) *Falls X außerdem offen ist, dann gilt auch die Umkehrung der Aussage a.*

Beweis Um Aussage a zu zeigen, wählen wir zunächst eine konvexe offene Obermenge U von X, auf der f zweimal stetig differenzierbar ist. Nach Satz 2.5.1 gilt dann insbesondere für alle $x, y \in X \subseteq U$ mit einem ξ auf dem Geradensegment zwischen x und y

$$
\begin{aligned}
f(y) &= f(x) + \langle \nabla f(x), y - x \rangle + \frac{1}{2}(y - x)^\mathsf{T} D^2 f(\xi)(y - x) \\
&\geq f(x) + \langle \nabla f(x), y - x \rangle,
\end{aligned}
$$

wobei wir $D^2 f(\xi) \succeq 0$ benutzt haben. Dies ist erlaubt, weil wegen der Konvexität von X mit x und y auch das gesamte Geradensegment zwischen x und y in X enthalten ist, insbesondere also der Punkt ξ. Nach Satz 2.2.3 ist f damit konvex auf X.

Zum Beweis von Aussage b wähle ein $\bar{x} \in X$. Mit f ist auch die Funktion $F(x) := f(x) - \langle \nabla f(\bar{x}), x - \bar{x} \rangle$ konvex auf X, in der $\bar{x}$ als fester Parameter zu interpretieren ist. Wegen $\nabla F(\bar{x}) = \nabla f(\bar{x}) - \nabla f(\bar{x}) = 0$ ist $\bar{x}$ kritischer Punkt von F. Da X offen ist, gelten für die Minimierung von F über X wie oben erwähnt analoge Aussagen wie für die *unrestringierte* Minimierung von F. Insbesondere ist $\bar{x}$ nicht nur ein kritischer Punkt, sondern nach Korollar 2.4.6 sogar ein globaler Minimalpunkt von F auf X, und Satz 2.5.2 garantiert daher

$$0 \preceq D^2 F(\bar{x}) = D^2 f(\bar{x}).$$

$\square$

Dass die Voraussetzung der Offenheit von X in Satz 2.5.3b nicht nur beweistechnischer Natur ist, sieht man an der C^2-Funktion $f(x) = x_1^2 - x_2^2$, die nirgends eine positiv semidefinite Hesse-Matrix besitzt, aber trotzdem auf der Menge $X = \mathbb{R} \times \{0\}$ konvex ist. Die Menge X ist in diesem Beispiel natürlich nicht offen.

Die Voraussetzung der Offenheit von X in Satz 2.5.3b lässt sich zur *Volldimensionalität* von X abschwächen, also im Wesentlichen zur Forderung, dass X innere Punkte besitzt [31]. Eine weitergehende Abschwächung ist nicht möglich.

2.5.4 Beispiel

Die Funktion $f(x) = (x-5)^2$ erfüllt $f''(x) = 2 \geq 0$ für alle $x \in \mathbb{R}$ und ist damit konvex auf $\mathbb{R}$. ◄

2.5.5 Beispiel

Die Funktion $f(x) = e^x$ erfüllt $f''(x) = e^x \geq 0$ für alle $x \in \mathbb{R}$ und ist damit konvex auf $\mathbb{R}$. ◄

2.5.6 Beispiel (Zentrum einer Punktewolke – Fortsetzung 5)

Für den Gradienten der Funktion f^2 aus Beispiel 2.4.3 haben wir bereits die Darstellung

$$\nabla(f^2(z)) = 2mz - 2 \sum_{i=1}^{m} x^i$$

hergeleitet, woraus

$$D^2(f^2(z)) = 2mE \quad \text{(mit der } (n,n)\text{-Einheitsmatrix } E)$$

folgt. Damit besitzt $D^2 f^2(z)$ den n-fachen Eigenwert $2m \geq 0$. Hieraus folgt die Konvexität von f^2 auf $\mathbb{R}^n$.

Nach Korollar 2.4.6 ist jeder kritische Punkt von f^2 globaler Minimalpunkt von f^2 und damit auch von f, und der (einzige) kritische Punkt von f^2 ist das in Beispiel 2.4.3 berechnete arithmetische Mittel $\bar{z}$ der Punktewolke. Damit ist alternativ zur Argumentation in Beispiel 2.4.3 die globale Minimalität von $\bar{z}$ gezeigt, ohne zuvor die Lösbarkeit des Optimierungsproblems nachzuweisen. ◄

2.5.7 Beispiel (Maximum-Likelihood-Schätzer – Fortsetzung 4)

Die Funktion $f(\lambda) = \lambda \bar{x} - \log(\lambda)$ mit $\bar{x} > 0$ aus Beispiel 2.4.4 erfüllt $f'(\lambda) = \bar{x} - 1/\lambda$ und $f''(\lambda) = 1/\lambda^2 \geq 0$ für alle $\lambda \in (0, +\infty)$. Sie ist damit konvex auf $(0, +\infty)$. Die Konvexität von f korrespondiert zur Konkavität der Log-Likelihood-Funktion ℓ. Angemerkt sei, dass die Likelihood-Funktion L selbst *nicht* konkav ist. Ihr Logarithmieren hat also einen weiteren nützlichen Effekt, der zunächst gar nicht angedacht war.

Der in Beispiel 2.4.4 berechnete kritische Punkt $\bar{\lambda} = 1/\bar{x}$ von f ist nach Korollar 2.4.6 wieder globaler Minimalpunkt von P_{ML} und damit der gesuchte Maximum-Likelihood-Schätzer der Exponentialverteilung. Auch bei diesem Argument ist (alternativ zu dem in Beispiel 2.4.4) die Betrachtung der Lösbarkeit von P_{ML} unnötig. ◄

2.5.8 Übung (Clusteranalyse – Fortsetzung 3)   Zeigen Sie, dass die Zielfunktion

$$f(z^1, \ldots, z^q) = \sum_{i=1}^{m} \min_{\ell=1,\ldots,q} \|z^\ell - x^i\| = \left\| \begin{pmatrix} \|z^{\ell(1)} - x^1\| \\ \vdots \\ \|z^{\ell(m)} - x^m\| \end{pmatrix} \right\|_1$$

aus dem Problem P_1 der Clusteranalyse (Beispiel 1.1.8) mit $q \geq 2$ nicht konvex auf $\mathbb{R}^{nq}$ ist (wenn die Indizes $\ell(i)$, $i = 1, \ldots, m$, allerdings a priori bekannt sind, dann lässt sich mit einem anderen Argument als der Benutzung von Satz 2.5.3 zeigen, dass f doch konvex ist).

2.5.9 Übung (Hinreichende Bedingung für strikte Konvexität)   Auf einer konvexen Menge $X \subseteq \mathbb{R}^n$ sei die Funktion $f \in C^2(X, \mathbb{R})$ gegeben, und es gelte

$$\forall x \in X: \quad D^2 f(x) \succ 0.$$

Zeigen Sie, dass f dann auf X strikt konvex ist.

Die Umkehrung der Aussage in Übung 2.5.9 ist sogar auf offenen Mengen X falsch, wie das Beispiel der auf $X = \mathbb{R}$ strikt konvexen Funktion $f(x) = x^4$ mit $f''(0) = 0$ zeigt. Eine C^2-Charakterisierung von strikter Konvexität existiert aber und wird in [31] bewiesen.

Im Folgenden bezeichne $\lambda_{\min}(A)$ den kleinsten Eigenwert einer symmetrischen Matrix A. Insbesondere gilt damit $D^2 f(x) \succeq 0 (\succ 0)$ genau für $\lambda_{\min}(D^2 f(x)) \geq 0 (> 0)$.

2.5.10 Satz (C^2-Charakterisierung von gleichmäßiger Konvexität)
Auf einer konvexen Menge $X \subseteq \mathbb{R}^n$ sei die Funktion $f \in C^2(X, \mathbb{R})$ gegeben.

a) *Falls mit einer Konstante $c > 0$*

$$\forall\, x \in X: \quad \lambda_{\min}(D^2 f(x)) \geq c$$

   gilt, dann ist f auf X gleichmäßig konvex.
b) *Falls X außerdem offen ist, dann gilt auch die Umkehrung der Aussage a.*

Beweis Um Aussage a zu zeigen, konstruieren wir mit Hilfe der Konstante c die Funktion $F(x) = f(x) - \frac{c}{2}\|x\|_2^2$ und zeigen deren Konvexität auf X. Per Definition ist f dann gleichmäßig konvex auf X.

Wegen $\|x\|_2^2 = x^\mathsf{T} x$ ist die Funktion F ebenfalls zweimal stetig differenzierbar auf X, so dass ihre Konvexität mit Hilfe von Satz 2.5.3a nachgewiesen werden darf. Tatsächlich gilt für alle $x \in X$

$$D^2 F(x) = D^2 f(x) - cE,$$

wobei E die (n, n)-Einheitsmatrix bezeichnet. Jeder Eigenwert λ von $D^2 f(x)$ erfüllt bekanntlich die Gleichung $\det(D^2 f(x) - \lambda E) = 0$ (für eine Motivation s. den Anhang von [28]), so dass wir

$$\begin{aligned}
0 = \det(D^2 f(x) - \lambda E) &= \det\big((D^2 f(x) - cE) - (\lambda - c)E\big) \\
&= \det\big(D^2 F(x) - (\lambda - c)E\big)
\end{aligned}$$

erhalten. Dies bedeutet, dass sich jeder Eigenwert von $D^2 F(x)$ in der Form $\lambda - c$ mit einem Eigenwert λ von $D^2 f(x)$ schreiben lässt. Insbesondere gilt $\lambda_{\min}(D^2 F(x)) = \lambda_{\min}(D^2 f(x)) - c$. Da der letzte Ausdruck nach Voraussetzung für alle $x \in X$ nichtnegativ ist, folgt die Konvexität von F auf X.

Der Beweis von Aussage b ist dem Leser als Übung überlassen. □

Die Voraussetzung der Offenheit von X in Satz 2.5.10b lässt sich wieder zur *Volldimensionalität* von X abschwächen [31], aber nicht weiter.

2.5.11 Beispiel

Die Funktion $f(x) = (x - 5)^2$ erfüllt $f''(x) = 2 > 0$ für alle $x \in \mathbb{R}$ und ist damit nicht nur strikt, sondern sogar gleichmäßig konvex auf $\mathbb{R}$. ◄

2.5.12 Beispiel

Die Funktion $f(x) = e^x$ erfüllt $f''(x) = e^x > 0$ für alle $x \in \mathbb{R}$ und ist damit strikt konvex auf $\mathbb{R}$. Allerdings gilt $\lim_{x \to -\infty} f''(x) = 0$, so dass sie nicht gleichmäßig konvex auf $\mathbb{R}$ ist. ◄

2.5.13 Beispiel (Zentrum einer Punktewolke – Fortsetzung 6)

Für die Hesse-Matrix des Quadrats der Funktion f aus Beispiel 1.1.5 haben wir in Beispiel 2.5.6 die Darstellung $D^2 f^2(z) = 2mE$ und damit den n-fachen Eigenwert $2m$ für jedes $z \in \mathbb{R}^n$ hergeleitet. Insbesondere gilt dann $\lambda_{\min}(D^2 f^2(z)) = 2m > 0$ für alle $z \in \mathbb{R}^n$, woraus die strikte und sogar gleichmäßige Konvexität von f^2 auf $\mathbb{R}^n$ folgt.

Auch ohne die bereits früher erfolgte Berechnung des globalen Minimalpunkts ist damit wegen Satz 2.3.3c klar, dass f^2 (und damit auch f) genau einen globalen Minimalpunkt besitzt. ◄

2.5.14 Beispiel (Maximum-Likelihood-Schätzer – Fortsetzung 5)

Die Funktion $f(\lambda) = \lambda \bar{x} - \log(\lambda)$ mit $\bar{x} > 0$ aus Beispiel 1.2.39 erfüllt $f''(\lambda) = 1/\lambda^2 > 0$ für alle $\lambda \in (0, +\infty)$, aber $\lim_{\lambda \to +\infty} f''(\lambda) = 0$. Sie ist damit zwar strikt, aber nicht gleichmäßig konvex auf $(0, +\infty)$.

Nach Beispiel 1.2.41 ist f trotzdem koerziv. Dies zeigt, dass die Bedingung für Koerzivität aus Lemma 2.3.2 nur hinreichend, aber nicht notwendig ist. ◄

2.6   Die Monotoniecharakterisierung von Konvexität

Für $n = 1$, ein offenes Intervall $X \subseteq \mathbb{R}$ und eine Funktion $g \in C^1(X, \mathbb{R})$ ist aus der Analysis bekannt (z. B. [17]), dass g genau dann monoton wachsend auf X ist, wenn $g'(x) \geq 0$ für alle $x \in X$ gilt. Nach Satz 2.5.3 gilt für $n = 1$, ein offenes Intervall $X \subseteq \mathbb{R}$ und $f \in C^2(X, \mathbb{R})$ also, dass f genau dann konvex auf X ist, wenn die erste Ableitung f' auf X monoton wächst.

Im Folgenden werden wir sehen, dass eine solche Aussage auch ohne die C^2-Voraussetzung an f sowie allgemeiner für $n \geq 1$ gilt. Allerdings müssen wir zunächst definieren, was wir für mehrdimensionale Mengen $X \subseteq \mathbb{R}^n$ unter Monotonie der Funktion $\nabla f : X \to \mathbb{R}^n$ verstehen möchten. Dazu stellen wir fest, dass für $n = 1$ die Monotonie (im Sinne von monotonem Wachsen) von $g : X \to \mathbb{R}$ äquivalent zur Gültigkeit der Ungleichung $(g(y) - g(x))(y - x) \geq 0$ für alle $x, y \in X$ ist. Dies motiviert die folgende Definition.

2.6.1 Definition (Monotoner Operator)

Für eine nichtleere konvexe Menge $X \subseteq \mathbb{R}^n$ heißt $g : X \to \mathbb{R}^n$ *monoton* auf X, falls

$$\forall x, y \in X : \quad \langle g(y) - g(x), y - x \rangle \geq 0$$

gilt.

2.6.2 Satz (Monotoniecharakterisierung von Konvexität)

Auf einer konvexen Menge $X \subseteq \mathbb{R}^n$ ist eine Funktion $f \in C^1(X, \mathbb{R})$ genau dann konvex, wenn ∇f auf X monoton ist.

Beweis Die Funktion $f \in C^1(X, \mathbb{R})$ sei konvex auf X. Nach Satz 2.2.3 gilt dann für alle $x, y \in X$

$$f(y) \geq f(x) + \langle \nabla f(x), y - x \rangle \quad \text{sowie} \quad f(x) \geq f(y) + \langle \nabla f(y), x - y \rangle.$$

Aus der Addition dieser beiden Ungleichungen folgt sofort die Monotonie von ∇f auf X.

Andererseits sei ∇f monoton auf X. Wir wählen beliebige $x, y \in X$, setzen $d := y - x$ sowie $x(t) := x + td$ für $t \in \mathbb{R}$ und betrachten die (auf einer offenen Obermenge des Intervalls $[0, 1]$ stetig differenzierbare) eindimensionale Einschränkung

$$\varphi_d : [0, 1] \to \mathbb{R}, \ t \mapsto f(x(t))$$

von f an x in Richtung d [34]. Laut Kettenregel gilt $\varphi_d'(t) = \langle \nabla f(x(t)), d \rangle$ für jedes $t \in [0, 1]$. Wegen $x(t) - x(0) = td$ erhalten wir damit aus der Monotonie von ∇f für jedes $t \in (0, 1]$

$$\varphi_d'(t) - \varphi_d'(0) = \langle \nabla f(x(t)) - \nabla f(x(0)), d \rangle$$
$$= \frac{1}{t} \langle \nabla f(x(t)) - \nabla f(x(0)), x(t) - x(0) \rangle \geq 0.$$

Nach dem Mittelwertsatz folgt hieraus mit einem $t \in (0, 1)$

$$f(y) - f(x) = \varphi_d(1) - \varphi_d(0) = \varphi_d'(t) \geq \varphi_d'(0) = \langle \nabla f(x), y - x \rangle,$$

und Satz 2.2.3 liefert die Konvexität von f auf X. $\qquad \square$

2.7   Optimalitätsbedingungen für restringierte konvexe Probleme

In diesem Abschnitt versuchen wir, die einfache Charakterisierung von globalen Minimalpunkten durch die Kritische-Punkt-Gleichung $\nabla f(x) = 0$ aus dem in Abschn. 2.4 betrachteten unrestringierten Fall auf restringierte Optimierungsprobleme der Form

$$P : \quad \min \ f(x) \quad \text{s.t.} \quad g_i(x) \le 0, \ i \in I, \quad h_j(x) = 0, \ j \in J,$$

zu übertragen. Dazu setzen wir in einem ersten Schritt weder Konvexität noch Differenzier-
barkeit der von $\mathbb{R}^n$ nach $\mathbb{R}$ abbildenden Funktionen f, g_i, $i \in I$, und h_j, $j \in J$, voraus. Wir
notieren die Indexmengen explizit als $I = \{1, \dots, p\}$ und $J = \{1, \dots, q\}$ mit $p, q \in \mathbb{N}_0$,
wobei $p = 0$ und $q = 0$ den Fällen $I = \emptyset$ bzw. $J = \emptyset$ entsprechen. Da unter gewissen
Regularitätsbedingungen [34] jede Gleichungsrestriktion die Dimension des Lösungsraums
um eins reduziert und da wir in einem kontinuierlichen Optimierungsproblem von einer
mindestens eindimensionalen zulässigen Menge

$$M \ = \ \{x \in \mathbb{R}^n | \ g_i(x) \le 0, \ i \in I, \ h_j(x) = 0, \ j \in J\}$$

ausgehen wollen, setzen wir außerdem $q < n$ voraus.

Bereits für den Fall $n = 1$ zeigt etwa Abb. 1.5, dass an Minimalpunkten $\bar{x}$ restringierter
Probleme nicht notwendigerweise $\nabla f(\bar{x}) = 0$ gilt. Eindimensionale Probleme wie in Abb.
1.5 kann man häufig noch dadurch lösen, dass man als Kandidaten für Minimalpunkte
zusätzlich zu den kritischen Punkten der Zielfunktion auch die Randpunkte der zulässigen
Menge betrachtet, weil die Menge der Randpunkte im Eindimensionalen typischerweise
endlich ist. Auf höherdimensionale Probleme, bei denen der Rand der zulässigen Menge
üblicherweise selbst unendlich viele Punkte enthält, ist dieses algorithmische Vorgehen nicht
übertragbar, sondern wir möchten auch aus den Randpunkten die „kritischen" herausfiltern.

Die dafür erforderlichen Optimalitätsbedingungen für restringierte Optimierungsprobleme sind eng mit Dualitätsaussagen verknüpft, die wir zunächst in Abschn. 2.7.1 herleiten. In Abschn. 2.7.2 führen sie auf die zentralen *hinreichenden* Optimalitätsbedingungen für restringierte differenzierbare Optimierungsprobleme, nämlich die Karush-Kuhn-
Tucker-Bedingungen. Algorithmisch anspruchsvoll sind sie im Vergleich zur Kritische-
Punkt-Bedingung $\nabla f(x) = 0$ aus dem unrestringierten Fall vor allem wegen des Auftretens
von Komplementaritätsbedingungen, die Abschn. 2.7.3 diskutiert. Mit der geometrischen
Interpretation der Karush-Kuhn-Tucker-Bedingungen in Abschn. 2.7.4 motivieren wir die
Formulierung von Constraint Qualifications in Abschn. 2.7.5, die für die Charakterisierung
globaler Minimalpunkte durch die Karush-Kuhn-Tucker-Bedingungen erforderlich sind.

Dass lokale Minimalpunkte differenzierbarer restringierter Optimierungsprobleme unter
Constraint Qualifications auch *notwendigerweise* die Karush-Kuhn-Tucker-Bedingungen
erfüllen, geben wir als Resultat nur an und verweisen für die recht umfangreiche Herlei-
tung auf [34], da dieses Ergebnis nicht der globalen, sondern der nichtlinearen (lokalen)
Optimierung zuzurechnen ist.

2.7.1   Lagrange- und Wolfe-Dualität

Grundlage der Aussagen zur Lagrange- und Wolfe-Dualität ist die folgende Aggregation aller definierenden Funktionen des Problems P.

2.7.1 Definition (Lagrange-Funktion)
Die Funktion

$$L(x, \lambda, \mu) \ = \ f(x) + \sum_{i \in I} \lambda_i g_i(x) + \sum_{j \in J} \mu_j h_j(x)$$

(mit $\lambda = (\lambda_1, \dots, \lambda_p)^\mathsf{T}$ und $\mu = (\mu_1, \dots, \mu_q)^\mathsf{T}$) heißt *Lagrange-Funktion* des Optimierungsproblems P.

Wichtig ist, dass die Lagrange-Funktion L nicht nur von der Entscheidungsvariable x abhängt, sondern auch von den Koeffizientenvektoren λ und μ. Die Funktion L bildet also von $\mathbb{R}^n \times \mathbb{R}^p \times \mathbb{R}^q$ nach $\mathbb{R}$ ab. Im Folgenden untersuchen wir, was geschieht, wenn man L bei festem x über die Variablen (λ, μ) *maximiert*.

Dazu sei zunächst $p = 0$. Dann gilt $L(x, \mu) = f(x) + \sum_{j \in J} \mu_j h_j(x)$ und

$$\varphi(x) := \sup_{\mu \in \mathbb{R}^q} L(x, \mu) = \begin{cases} f(x), & \text{falls } \forall j \in J : h_j(x) = 0 \text{ (d. h. falls } x \in M) \\ +\infty, & \text{falls } x \notin M. \end{cases}$$

Zum Beispiel führen $J = \{1\}$, $h_1(x) = x^2 - 1$ und $f(x) = x$ zu der in Abb. 2.9 skizzierten Funktion φ (wobei wir für dieses Beispiel ausnahmsweise $q = n$ zulassen).

Abb. 2.9 Beispiel für
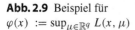

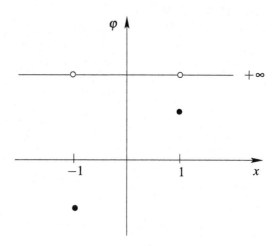

Statt P zu lösen, kann man also formal auch die *unrestringierte* Funktion $\varphi(x)$ minimieren („formal", weil φ nicht nach $\mathbb{R}$ abbildet, sondern in die erweiterten reellen Zahlen $\overline{\mathbb{R}}$). Insbesondere gilt für das Infimum v von f auf M

$$v = \inf_{x \in M} f(x) = \inf_{x \in \mathbb{R}^n} \varphi(x) = \inf_{x \in \mathbb{R}^n} \sup_{\mu \in \mathbb{R}^q} L(x, \mu).$$

Nun sei $q = 0$. Dann gilt $L(x, \lambda) = f(x) + \sum_{i \in I} \lambda_i g_i(x)$,

$$\varphi(x) := \sup_{\lambda \geq 0} L(x, \lambda) = \begin{cases} f(x), & \text{falls } x \in M \\ +\infty, & \text{falls } x \notin M \end{cases}$$

und

$$v = \inf_{x \in M} f(x) = \inf_{x \in \mathbb{R}^n} \varphi(x) = \inf_{x \in \mathbb{R}^n} \sup_{\lambda \geq 0} L(x, \lambda)$$

(ohne die Nichtnegativitätsbedingung $\lambda \geq 0$ würde dieses Ergebnis nicht gelten). Beispielsweise ergeben $I = \{1\}$, $g_1(x) = x^2 - 1$ und $f(x) = x$ die in Abb. 2.10 skizzierte Funktion φ.

Analog erhält man für beliebige $p, q \in \mathbb{N}_0$

$$\varphi(x) := \sup_{\lambda \geq 0,\ \mu \in \mathbb{R}^q} L(x, \lambda, \mu) = \begin{cases} f(x), & \text{falls } x \in M \\ +\infty, & \text{falls } x \notin M \end{cases}$$

und

$$v = \inf_{x \in M} f(x) = \inf_{x \in \mathbb{R}^n} \varphi(x) = \inf_{x \in \mathbb{R}^n} \sup_{\lambda \geq 0,\ \mu \in \mathbb{R}^q} L(x, \lambda, \mu).$$

Abb. 2.10 Beispiel für $\varphi(x) := \sup_{\lambda \geq 0} L(x, \lambda)$

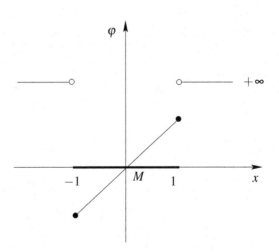

Die *zentrale Frage* der Dualitätstheorie (und z. B. auch der Spieltheorie) lautet, ob man in obiger Formel inf und sup vertauschen darf, ob also auch die Formel

$$v = \inf_{x \in M} f(x) = \sup_{\lambda \geq 0, \, \mu \in \mathbb{R}^q} \inf_{x \in \mathbb{R}^n} L(x, \lambda, \mu)$$

gilt. Falls nämlich das innere unrestringierte Infimum von L über x (bei gegebenen (λ, μ)) leicht berechenbar ist, erhält man v als Maximalwert eines restringierten Problems mit sehr einfachen Nebenbedingungen, was wichtige Schlussfolgerungen zulässt. Das folgende Beispiel zeigt leider, dass diese Vertauschung nicht immer möglich ist (vergleichen Sie dies mit der Aussage von Übung 1.3.3d).

2.7.2 Beispiel

Für $n = 1$, $p = 1$, $q = 0$, $f(x) = x^2$ und $g(x) = 1 - x^4 \leq 0$ berechnet man leicht $v = 1$. Andererseits gilt

$$L(x, \lambda) = x^2 + \lambda(1 - x^4)$$

und damit

$$\inf_{x \in \mathbb{R}} L(x, \lambda) = \begin{cases} -\infty, & \lambda > 0 \\ 0, & \lambda = 0 \end{cases}$$

sowie

$$\sup_{\lambda \geq 0} \inf_{x \in \mathbb{R}} L(x, \lambda) = 0 < 1 = v.$$

◀

Die Dualitätstheorie gibt Bedingungen an, unter denen solche Beispiele ausgeschlossen sind, also Gleichheit gilt. Dazu fassen wir den Ausdruck

$$\sup_{\lambda \geq 0, \, \mu \in \mathbb{R}^q} \inf_{x \in \mathbb{R}^n} L(x, \lambda, \mu)$$

wie bereits oben beschrieben als Maximalwert des Optimierungsproblems

$$LD: \quad \max_{\lambda, \mu} \psi(\lambda, \mu) \quad \text{s.t.} \quad \lambda \geq 0$$

mit der Zielfunktion

$$\psi(\lambda, \mu) := \inf_{x \in \mathbb{R}^n} L(x, \lambda, \mu)$$

auf.

2.7.3 Definition (Lagrange-Dual)

Das Problem *LD* heißt *Lagrange-Dual* von *P*. Seine zulässige Menge bezeichnen wir mit

$$M_{LD} := \left\{ (\lambda, \mu) \in \mathbb{R}^p \times \mathbb{R}^q \,|\, \lambda \geq 0 \right\}$$

und seinen Maximalwert mit

$$v_{LD} := \sup_{(\lambda, \mu) \in M_{LD}} \psi(\lambda, \mu).$$

Analog bezeichnen wir *P* als *primales* Problem mit Minimalwert $v_P := v$ und zulässiger Menge $M_P := M$.

Die zentrale Frage der Dualitätstheorie lautet in dieser Notation, wann die Gleichheit

$$v_{LD} = v_P$$

erfüllt ist. *Ohne weitere Voraussetzungen* ist jedenfalls der folgende Satz richtig (vergleichen Sie dazu die Aussage von Übung 1.3.3c).

2.7.4 Satz (Schwacher Dualitätssatz der Lagrange-Dualität)

Es gilt $v_{LD} \leq v_P$.

Beweis Für alle $\bar{x} \in \mathbb{R}^n$, $\bar{\lambda} \geq 0$ und $\bar{\mu} \in \mathbb{R}^q$ gilt

$$\inf_{x \in \mathbb{R}^n} L(x, \bar{\lambda}, \bar{\mu}) \leq L(\bar{x}, \bar{\lambda}, \bar{\mu}) \leq \sup_{\lambda \geq 0, \, \mu \in \mathbb{R}^q} L(\bar{x}, \lambda, \mu).$$

Die Umformulierung dieser unendlich vielen Ungleichungen per Supremums- bzw. Infimumsbildung (Übung 1.2.6) führt zur behaupteten Beziehung

$$\underbrace{\sup_{\bar{\lambda} \geq 0, \, \bar{\mu} \in \mathbb{R}^q} \inf_{x \in \mathbb{R}^n} L(x, \bar{\lambda}, \bar{\mu})}_{v_{LD}} \leq \underbrace{\inf_{\bar{x} \in \mathbb{R}^n} \sup_{\lambda \geq 0, \, \mu \in \mathbb{R}^q} L(\bar{x}, \lambda, \mu)}_{v_P}.$$

$\square$

Nach Satz 2.7.4 gilt

$$v_P - v_{LD} \geq 0.$$

Der Wert $v_P - v_{LD}$ heißt *Dualitätslücke*. In Beispiel 2.7.2 beträgt die Dualitätslücke $v_P - v_{LD} = 1$. In dieser Terminologie lautet die zentrale Frage der Dualitätstheorie, wann die Dualitätslücke verschwindet.

Um Dualität rechentechnisch nutzen zu können, muss das Dualproblem LD zunächst handhabbar gemacht werden, denn im Allgemeinen ist unklar, wie die Werte seiner Zielfunktion $\psi(\lambda, \mu) = \inf_{x \in \mathbb{R}^n} L(x, \lambda, \mu)$ numerisch berechnet werden können. Der Schlüssel dazu ist die (bislang nicht benutzte) Konvexität des Problems P.

Im Folgenden seien wie in Beispiel 2.1.12 f und g_i, $i \in I$, auf $\mathbb{R}^n$ konvexe sowie h_j, $j \in J$, lineare Funktionen und damit P ein konvex beschriebenes Optimierungsproblem (insbesondere setzen wir also voraus, dass seine zulässige Menge M nicht nur konvex, sondern auch konvex *beschrieben* im Sinne von Definition 2.1.10 ist). Zusätzlich seien die Funktionen f und g_i, $i \in I$, stetig differenzierbar. Wir werden diese Situation etwas lax damit bezeichnen, P sei „konvex beschrieben und C^1".

Die Lagrange-Funktion

$$L(x, \lambda, \mu) = f(x) + \sum_{i \in I} \lambda_i g_i(x) + \sum_{j \in J} \mu_j h_j(x)$$

ist dann nach Übung 2.1.3 für beliebige fest vorgegebene $\lambda \geq 0$ und $\mu \in \mathbb{R}^q$ auf $\mathbb{R}^n$ konvex und C^1 in der Variable x. Folglich ist für alle $\lambda \geq 0$ und $\mu \in \mathbb{R}^q$ der Wert $\psi(\lambda, \mu) = \inf_{x \in \mathbb{R}^n} L(x, \lambda, \mu)$ das Infimum eines *unrestringierten konvexen* C^1-Problems. Falls wir also einen kritischen Punkt der Funktion $L(x, \lambda, \mu)$, d. h. eine Lösung $x^\star$ des Gleichungssystems

$$\nabla_x L(x, \lambda, \mu) = 0,$$

finden können, dann ist $x^\star$ nach Korollar 2.4.6 auch globaler Minimalpunkt von $L(x, \lambda, \mu)$ über $x \in \mathbb{R}^n$. Daraus folgt

$$\psi(\lambda, \mu) = \inf_{x \in \mathbb{R}^n} L(x, \lambda, \mu) = \min_{x \in \mathbb{R}^n} L(x, \lambda, \mu) = L(x^\star, \lambda, \mu).$$

Insbesondere wird das Infimum in der Definition von $\psi(\lambda, \mu)$ dann auch als Minimalwert angenommen.

Dies motiviert die Formulierung eines Dualproblems, das sich vom Lagrange-Dual unterscheidet.

2.7.5 Definition (Wolfe-Dual)

Das Problem P sei konvex beschrieben und C^1. Dann heißt

$$D: \quad \max_{x,\lambda,\mu} \; L(x,\lambda,\mu) \quad \text{s.t.} \quad \nabla_x L(x,\lambda,\mu) = 0, \; \lambda \geq 0$$

Wolfe-Dual von P. Seine zulässige Menge bezeichnen wir mit

$$M_D = \left\{ (x,\lambda,\mu) \in \mathbb{R}^n \times \mathbb{R}^p \times \mathbb{R}^q \,|\, \nabla_x L(x,\lambda,\mu) = 0, \; \lambda \geq 0 \right\},$$

und seinen Maximalwert mit

$$v_D = \sup_{(x,\lambda,\mu) \in M_D} L(x,\lambda,\mu).$$

Im Vergleich zum Lagrange-Dual ist das Wolfe-Dual ein algorithmisch oft besser handhabbares Optimierungsproblem, obwohl es selbst nicht notwendigerweise konvex ist. Wir bezeichnen es zur Abgrenzung vom Lagrange-Dual *LD* nicht mit „*WD*", sondern mit „*D*" weil das Lagrange-Dual im Rest dieses Lehrbuchs keine Rolle mehr spielen wird, während wir alle auftretenden Dualitätsaussagen mit Hilfe des Wolfe-Duals D herleiten werden.

Einen Punkt $x \in M_P := M$ nennen wir im Folgenden *primal zulässig* und $(x,\lambda,\mu) \in M_D$ *dual zulässig*. Schwache Dualität zwischen Primalproblem P und Wolfe-Dual D ließe sich mit einigen formalen Argumenten aus Satz 2.7.4 folgern, zur Vollständigkeit geben wir aber einen direkten Beweis an.

2.7.6 Satz (Schwacher Dualitätssatz der Wolfe-Dualität)

Für jedes konvex beschriebene C^1-Problem P gilt $v_D \leq v_P$.

Beweis Im Fall $M_D = \emptyset$ gilt $v_D = -\infty$, so dass die Ungleichung formal erfüllt ist. Analog ist sie wegen $v_P = +\infty$ im Fall $M_P = \emptyset$ erfüllt. Ansonsten wählen wir einen beliebigen Punkt $x \in M_P$ und einen beliebigen Punkt $(y,\lambda,\mu) \in M_D$. Dann gilt insbesondere $\lambda \geq 0$, so dass $L(z,\lambda,\mu)$ eine in $z \in \mathbb{R}^n$ konvexe C^1-Funktion ist. Außerdem gilt $\nabla_x L(y,\lambda,\mu) = 0$, weshalb y ein globaler Minimalpunkt von $L(z,\lambda,\mu)$ über alle $z \in \mathbb{R}^n$ ist. Dies liefert

$$L(y,\lambda,\mu) = \min_{z \in \mathbb{R}^n} L(z,\lambda,\mu).$$

Aus $\lambda \geq 0$, $g_i(x) \leq 0$, $i \in I$, und $h_j(x) = 0$, $j \in J$, folgt daher

$$f(x) \geq f(x) + \sum_{i \in I} \lambda_i \, g_i(x) + \sum_{j \in J} \mu_j \, h_j(x) = L(x,\lambda,\mu) \geq \min_{z \in \mathbb{R}^n} L(z,\lambda,\mu) = L(y,\lambda,\mu).$$

Dies impliziert schließlich

$$v_P = \inf_{x \in M_P} f(x) \geq \sup_{(y,\lambda,\mu) \in M_D} L(y,\lambda,\mu) = v_D,$$

also die Behauptung. □

Wie im Beweis gesehen, ist die Ungleichung $v_D \leq v_P$ aufgrund der formalen Definitionen für Suprema und Infima über leere Mengen bemerkenswerterweise sogar für $M_D = \emptyset$ und/oder $M_P = \emptyset$ sinnvoll. Falls entweder das primale oder das duale Optimierungsproblem unbeschränkt ist, folgt aus Anwendung der schwachen Dualität auf diese Definitionen formal sogar, dass das jeweils andere Problem inkonsistent sein muss. Da man mit erweitert reellen Zahlen aber nicht derart „rechnen" kann, muss man einen alternativen Beweis für dieses Ergebnis suchen.

2.7.7 Übung Zeigen Sie ohne Rückgriff auf erweitert reelle Werte von Infima und Suprema, dass die Unbeschränktheit des primalen oder des Wolfe-dualen Optimierungsproblems die Inkonsistenz des Wolfe-dualen bzw. des primalen Optimierungsproblems nach sich zieht.

Der folgende Satz gibt an, wie man mit Hilfe schwacher Dualität explizit berechenbare Schranken an Minimalwerte generieren kann.

2.7.8 Satz

Gegeben sei ein konvex beschriebenes C^1-Problem P.

a) *Der Punkt $\bar{x}$ sei primal zulässig. Dann ist $f(\bar{x})$ eine Oberschranke für den globalen Minimalwert von P:*

$$v_P \leq f(\bar{x}).$$

b) *Der Punkt $(\bar{x}, \bar{\lambda}, \bar{\mu})$ sei dual zulässig. Dann ist $L(\bar{x}, \bar{\lambda}, \bar{\mu})$ eine Unterschranke für den globalen Minimalwert von P:*

$$v_P \geq L(\bar{x}, \bar{\lambda}, \bar{\mu}).$$

Beweis Aussage a gilt natürlich auch ohne Dualitätstheorie:

$$f(\bar{x}) \overset{\bar{x} \in M_P}{\geq} \inf_{x \in M} f(x) = v_P.$$

Ferner folgt aus der schwachen Dualität

$$L(\bar{x}, \bar{\lambda}, \bar{\mu}) \stackrel{(\bar{x}, \bar{\lambda}, \bar{\mu}) \in M_D}{\leq} \sup_{(x, \lambda, \mu) \in M_D} L(x, \lambda, \mu) = v_D \leq v_P,$$

also Aussage b.   □

Das folgende Beispiel illustriert, dass auch der lediglich auf schwacher Dualität basierende Satz 2.7.8 bereits weit reichende Ergebnisse erlauben kann.

2.7.9 Beispiel (Abstand von einer Hyperebene)

Gesucht ist der Abstand $\operatorname{dist}(z, H)$ von $z \in \mathbb{R}^n$ zu der Hyperebene $H = \{x \in \mathbb{R}^n | a^\mathsf{T} x = b\}$ mit $a \in \mathbb{R}^n \setminus \{0\}$ und $b \in \mathbb{R}$ (wie in Beispiel 1.1.2, nur dass wir jetzt nicht in erster Linie an einem Optimal*punkt*, sondern wie in Beispiel 1.2.10 am Optimal*wert* des Projektionsproblems interessiert sind). Abb. 2.11 illustriert das Problem für $n = 2$, $a = (1, 2)^\mathsf{T}$, $b = 2$ und $z = 0$. Im Folgenden werden wir sehen, welche Aussagen die schwache Dualität für das allgemeine Problem

$$P: \quad \min_{x \in \mathbb{R}^n} \|x - z\|_2 \quad \text{s.t.} \quad a^\mathsf{T} x = b$$

zulässt und dies am obigen speziellen Beispiel

$$\min_{x \in \mathbb{R}^2} \|x\|_2 \quad \text{s.t.} \quad x_1 + 2x_2 = 2$$

verdeutlichen (die entsprechend spezialisierten Resultate sind in Klammern angegeben). Das nichtdifferenzierbare Problem P ist durch Quadrieren der Zielfunktion nach Übung 1.3.5 zunächst äquivalent zu

$$Q: \quad \min_{x} (x - z)^\mathsf{T} (x - z) \quad \text{s.t.} \quad a^\mathsf{T} x = b.$$

Abb. 2.11 Abstand von einer Hyperebene im Fall $n = 2$

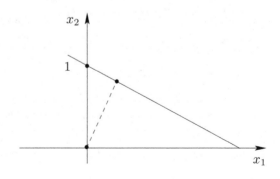

In Q ist die Zielfunktion $f(x) := x^\mathsf{T}x - 2z^\mathsf{T}x + z^\mathsf{T}z$ offenbar konvex und C^1 auf $\mathbb{R}^n$, und die Gleichungsrestriktionsfunktion $h(x) = a^\mathsf{T}x - b$ ist linear. Also ist Q konvex beschrieben und C^1 und damit zur Anwendung der Wolfe-Dualität geeignet.

Die Lagrange-Funktion von Q lautet

$$L(x, \mu) = x^\mathsf{T}x - 2z^\mathsf{T}x + z^\mathsf{T}z + \mu(a^\mathsf{T}x - b),$$

woraus

$$\nabla_x L(x, \mu) = 2x - 2z + \mu a$$

folgt. Damit kann man das Wolfe-Dual zu Q aufstellen:

$$D: \quad \max_{x \in \mathbb{R}^n, \, \mu \in \mathbb{R}} x^\mathsf{T}x - 2z^\mathsf{T}x + z^\mathsf{T}z + \mu(a^\mathsf{T}x - b) \quad \text{s.t.} \quad 2(x - z) + \mu a = 0$$

$$\left(D: \quad \max_{x \in \mathbb{R}^2, \, \mu \in \mathbb{R}} x_1^2 + x_2^2 + \mu(x_1 + 2x_2 - 2) \quad \text{s.t.} \quad 2x + \mu \begin{pmatrix} 1 \\ 2 \end{pmatrix} = 0 \right).$$

Wegen $M_P = H$ bedeutet primale Zulässigkeit von x gerade $a^\mathsf{T}x = b$. Duale Zulässigkeit von (x, μ) liegt genau für $2(x - z) + \mu a = 0$ vor.

Oberschranke für v_P

Da zum Beispiel $\bar{x} = (b/a^\mathsf{T}a)\,a$ ein primal zulässiger Punkt ist, liefert Satz 2.7.8a die Abschätzung

$$v_Q \leq f\left(b\frac{a}{a^\mathsf{T}a}\right) = b^2\frac{a^\mathsf{T}a}{(a^\mathsf{T}a)^2} - 2z^\mathsf{T}\left(b\frac{a}{a^\mathsf{T}a}\right) + z^\mathsf{T}z = \frac{b^2}{a^\mathsf{T}a} - \frac{2b}{a^\mathsf{T}a}z^\mathsf{T}a + z^\mathsf{T}z.$$

Es folgt

$$v_P = \sqrt{v_Q} \leq \sqrt{\frac{b^2}{a^\mathsf{T}a} - \frac{2b}{a^\mathsf{T}a}z^\mathsf{T}a + z^\mathsf{T}z}$$

$$\left(v_Q \leq \frac{4}{5}, \quad v_P \leq \frac{2}{\sqrt{5}} \right).$$

(Im speziellen Beispiel ist eine andere Wahl eines primal zulässigen Punkts $\bar{x} = (0, 1)^\mathsf{T}$, woraus $v_Q \leq f(\bar{x}) = 1$ und $v_P \leq 1$ folgen. Verglichen mit der eben berechneten ist dies allerdings eine schlechtere Oberschranke.)

Unterschranke für v_P

In der Bedingung $2(x - z) + \mu a = 0$ für duale Zulässigkeit sind z und a vorgegebene Parameter, während Paare (x, μ) gesucht werden, die diese Bedingung erfüllen. Durch Isolieren von x erhält man

$$x = z - \frac{\mu}{2}a,$$

wodurch für jedes beliebig gewählte $\bar{\mu} \in \mathbb{R}$ das für duale Zulässigkeit dazu passende $\bar{x} = z - (\bar{\mu}/2)\, a$ angegeben wird. Es folgt:

$$\forall\, \bar{\mu} \in \mathbb{R}: \quad (\bar{x}, \bar{\mu}) = \left(z - \frac{\bar{\mu}}{2}a,\ \bar{\mu}\right) \in M_D\,.$$

Nach Satz 2.7.8b gilt also für alle $\bar{\mu} \in \mathbb{R}$

$$
\begin{aligned}
v_Q &\geq L(\bar{x}, \bar{\mu}) \\
&= L\left(z - \frac{\bar{\mu}}{2}a, \bar{\mu}\right) \\
&= \left(z - \frac{\bar{\mu}}{2}a\right)^{\mathsf{T}}\left(z - \frac{\bar{\mu}}{2}a\right) - 2z^{\mathsf{T}}\left(z - \frac{\bar{\mu}}{2}a\right) + z^{\mathsf{T}}z + \bar{\mu}\left(a^{\mathsf{T}}\left(z - \frac{\bar{\mu}}{2}a\right) - b\right) \\
&= \bar{\mu}(z^{\mathsf{T}}a - b) - \frac{\bar{\mu}^2}{4}a^{\mathsf{T}}a
\end{aligned}
$$

$$
\begin{aligned}
\Bigg(v_Q &\geq -2\bar{\mu} - \frac{5}{4}\bar{\mu}^2, \quad \text{z.\,B.} \quad \bar{\mu} = 0 \Rightarrow v_Q \geq 0 \quad \text{(was ohnehin klar ist)}, \\
&\qquad\qquad\qquad\qquad\qquad \bar{\mu} = 1 \Rightarrow v_Q \geq -\frac{13}{4} \quad \text{(was noch klarer ist)}, \\
&\qquad\qquad\qquad\quad \bar{\mu} = -1 \Rightarrow v_Q \geq \frac{3}{4} \Bigg).
\end{aligned}
$$

Wegen der für Q offensichtlich gültigen Abschätzung $v_Q \geq 0$ gilt für alle $\bar{\mu} \in \mathbb{R}$

$$v_Q \geq \max\left\{0,\ \bar{\mu}(z^{\mathsf{T}}a - b) - \frac{\bar{\mu}^2}{4}a^{\mathsf{T}}a\right\}$$

und damit

$$v_P = \sqrt{v_Q} \geq \sqrt{\max\left\{0,\ \bar{\mu}(z^{\mathsf{T}}a - b) - \frac{\bar{\mu}^2}{4}a^{\mathsf{T}}a\right\}}$$

$$\left(v_P \geq \sqrt{\{\max\{0, -2\bar{\mu} - \frac{5}{4}\bar{\mu}^2\}}\, , \quad \text{z. B.} \quad \bar{\mu} = -1 : \underbrace{\frac{\sqrt{3}}{2}}_{\approx 0.86} \leq v_P \overset{\text{s.o.}}{\leq} \underbrace{\frac{2}{\sqrt{5}}}_{\approx 0.89} \right).$$

Als *best*mögliche Unterschranke für v_Q erhält man bei diesem Ansatz das Supremum der Schranken über alle Wahlen von $\bar{\mu} \in \mathbb{R}$,

$$\sup_{\bar{\mu} \in \mathbb{R}} \bar{\mu}(z^\mathsf{T} a - b) - \frac{\bar{\mu}^2}{4} a^\mathsf{T} a,$$

was genau der Maximalwert des Dualproblems D ist. Zur Berechnung von v_D setzen wir

$$c(\bar{\mu}) := \bar{\mu}(z^\mathsf{T} a - b) - \frac{\bar{\mu}^2}{4} a^\mathsf{T} a$$

und erhalten

$$c'(\bar{\mu}) = a^\mathsf{T} z - b - \frac{\bar{\mu}}{2} a^\mathsf{T} a,$$
$$c''(\bar{\mu}) = -\frac{a^\mathsf{T} a}{2} \overset{a \neq 0}{<} 0.$$

Folglich ist die Funktion c konkav. Nach Korollar 2.4.6 sind ihre globalen Maximalpunkte genau die Lösungen von

$$0 = c'(\bar{\mu}) = a^\mathsf{T} z - b - \frac{\bar{\mu}}{2} a^\mathsf{T} a,$$

d. h., eindeutiger Maximalpunkt von c ist

$$\bar{\mu}^\star = 2\frac{a^\mathsf{T} z - b}{a^\mathsf{T} a}$$

mit Maximalwert

$$v_D = c(\bar{\mu}^\star) = 2\frac{(a^\mathsf{T} z - b)^2}{a^\mathsf{T} a} - \frac{(a^\mathsf{T} z - b)^2}{a^\mathsf{T} a} = \frac{(a^\mathsf{T} z - b)^2}{a^\mathsf{T} a}.$$

Als beste per Wolfe-Dualität erzielbare Unterschranke für v_P folgt daraus

$$v_P = \sqrt{v_Q} \geq \sqrt{v_D} = \frac{|a^\mathsf{T} z - b|}{\|a\|_2}$$

$$\left(v_P \geq \frac{|-2|}{\sqrt{5}} = \frac{2}{\sqrt{5}} \overset{\text{s.o.}}{\geq} v_P \right).$$

Im speziellen Beispiel folgt aus diesen Überlegungen $v_P = \frac{2}{\sqrt{5}}$, denn *zufällig* hatte man zuvor auch die beste Oberschranke gefunden. Im allgemeinen Fall liefert die schwache Dualität hingegen für die Distanz von z zu H nur die Abschätzung

$$v_P \geq \frac{|a^\mathsf{T} z - b|}{\|a\|_2}.$$

Wünschenswert wären nun noch eine Verbesserung dieser Abschätzung zu einer Gleichheit sowie eine Formel für den Minimal*punkt* von P. ◀

Sofern man seine Voraussetzungen erfüllen kann, ist dafür das folgende Lemma hilfreich.

2.7.10 Lemma

Das Optimierungsproblem P sei konvex beschrieben und C^1, und es seien $\bar{x} \in \mathbb{R}^n$, $\bar{\lambda} \in \mathbb{R}^p, \bar{\mu} \in \mathbb{R}^q$ gegeben mit

a) *$\bar{x}$ primal zulässig,*
b) *$(\bar{x}, \bar{\lambda}, \bar{\mu})$ dual zulässig,*
c) *$f(\bar{x}) = L(\bar{x}, \bar{\lambda}, \bar{\mu})$.*

Dann ist $\bar{x}$ globaler Minimalpunkt von P.

Beweis Es gilt

$$f(\bar{x}) \overset{a}{\geq} \inf_{x \in M_P} f(x) = v_P \geq v_D = \sup_{(x,\lambda,\mu) \in M_D} L(x, \lambda, \mu) \overset{b}{\geq} L(\bar{x}, \bar{\lambda}, \bar{\mu}) \overset{c}{=} f(\bar{x}).$$

Demnach muss jede Ungleichheit in dieser Ungleichungskette mit Gleichheit erfüllt sein. Dies bedeutet insbesondere $f(\bar{x}) = v_P$ (und außerdem auch, dass die Dualitätslücke verschwindet). Damit ist $\bar{x}$ globaler Minimalpunkt von P. ☐

2.7.11 Beispiel (Abstand von einer Hyperebene – Fortsetzung 1)

Wie oben gesehen ist $(\bar{x}, \bar{\mu})$ dual zulässig, wenn man zu beliebigem $\bar{\mu} \in \mathbb{R}$ den Punkt $\bar{x} = z - (\bar{\mu}/2) a$ wählt. Außerdem bedeutet primale Zulässigkeit von $\bar{x}$, dass die Gleichung $a^\mathsf{T} \bar{x} = b$ erfüllt ist. Damit gleichzeitig Bedingung a und b aus Lemma 2.7.10 gelten, müssen $\bar{x}$ und $\bar{\mu}$ also das Gleichungssystem

$$\bar{x} = z - \frac{\bar{\mu}}{2} a,$$
$$a^\mathsf{T} \bar{x} = b$$

erfüllen. Die Lösung berechnet sich leicht zu

$$\mu^\star = 2 \frac{a^\mathsf{T} z - b}{a^\mathsf{T} a},$$
$$x^\star = z - \frac{a^\mathsf{T} z - b}{a^\mathsf{T} a} a.$$

Obwohl $(x^\star, \mu^\star)$ nun schon eindeutig bestimmt ist (z, a und b sind ja vorgegeben), muss in Lemma 2.7.10 auch noch Bedingung c gelten, also

$$f(x^\star) = L(x^\star, \mu^\star).$$

Glücklicherweise erfüllen die bereits ermittelten $(x^\star, \mu^\star)$ wegen

$$L(x^\star, \mu^\star) = f(x^\star) + \mu^\star \underbrace{(a^\mathsf{T} x^\star - b)}_{= 0} = f(x^\star)$$

diese Gleichung. Insgesamt sind damit Bedingung a, b und c aus Lemma 2.7.10 erfüllt, so dass

$$x^\star = z - \frac{a^\mathsf{T} z - b}{a^\mathsf{T} a} a$$

globaler Minimalpunkt von Q mit Minimalwert

$$v_Q = \frac{(a^\mathsf{T} z - b)^2}{a^\mathsf{T} a}$$

ist. Wie gesehen, ist $x^\star$ dann auch globaler Minimalpunkt von P mit Minimalwert

$$v_P = \frac{|a^\mathsf{T} z - b|}{\|a\|_2}.$$

◄

Dass wie im obigen Beispiel Bedingung c aus Lemma 2.7.10 automatisch von den Lösungen aus Bedingung a und b erfüllt wird, ist allerdings kein Glücksfall, sondern dieser Effekt tritt bei jedem Problem *ohne Ungleichungen* auf.

2.7.12 Korollar

Das Optimierungsproblem P sei konvex beschrieben und C^1, es gelte $I = \emptyset$, und es seien $\bar{x} \in \mathbb{R}^n$, $\bar{\mu} \in \mathbb{R}^q$ gegeben mit

a) *$\bar{x}$ primal zulässig,*
b) *$(\bar{x}, \bar{\mu})$ dual zulässig.*

Dann ist $\bar{x}$ globaler Minimalpunkt von P.

Beweis Es gilt

$$M_P = \{x \in \mathbb{R}^n \mid h_j(x) = 0, \ j \in J\}$$

und damit

$$L(\bar{x}, \bar{\mu}) \; = \; f(\bar{x}) + \sum_{j \in J} \bar{\mu}_j h_j(\bar{x}) \;\; \overset{\bar{x} \in M_P}{=} \;\; f(\bar{x}).$$

Insgesamt gelten also Bedingung a, b und c aus Lemma 2.7.10, woraus die Behauptung folgt. □

2.7.2   Die Karush-Kuhn-Tucker-Bedingungen

Da *Ungleichungen* auch strikt erfüllt sein können, kann man für sie nicht wie in Korollar 2.7.12 argumentieren. Bedingung c aus Lemma 2.7.10 lässt sich aber trotzdem einfacher schreiben, wofür das folgende Konzept eingeführt wird (für das Konvexität zunächst *keine* Rolle spielt).

2.7.13 Definition (Karush-Kuhn-Tucker-Punkt)
Für ein C^1-Problem P heißt ein Punkt $\bar{x} \in \mathbb{R}^n$ *Karush-Kuhn-Tucker-Punkt (KKT-Punkt)* mit Multiplikatoren $\bar{\lambda}$ und $\bar{\mu}$, falls folgendes System von Gleichungen und Ungleichungen erfüllt ist:

$$\nabla_x L(\bar{x}, \bar{\lambda}, \bar{\mu}) = 0, \tag{2.1}$$

$$\bar{\lambda}_i \, g_i(\bar{x}) = 0, \; i \in I, \tag{2.2}$$

$$\bar{\lambda}_i \geq 0, \; i \in I, \tag{2.3}$$

$$g_i(\bar{x}) \leq 0, \; i \in I, \tag{2.4}$$

$$h_j(\bar{x}) = 0, \; j \in J. \tag{2.5}$$

2.7.14 Lemma
Die Bedingungen a, b und c in Lemma 2.7.10 sind für $(\bar{x}, \bar{\lambda}, \bar{\mu})$ genau dann erfüllt, wenn $\bar{x}$ KKT-Punkt von P mit Multiplikatoren $\bar{\lambda}, \bar{\mu}$ ist.

Beweis Es ist die Äquivalenz von Bedingung a, b und c aus Lemma 2.7.10 mit Bedingung (2.1) bis (2.5) aus Definition 2.7.13 zu zeigen.

Wir setzen zunächst Bedingung a, b und c voraus. Aus Bedingung a folgen (2.4) und (2.5), aus Bedingung b folgen (2.1) und (2.3), und aus Bedingung c folgt zunächst

$$\sum_{i \in I} \bar{\lambda}_i g_i(\bar{x}) + \sum_{j \in J} \bar{\mu}_j h_j(\bar{x}) \; = \; 0.$$

Da Bedingung a insbesondere $h_j(\bar{x}) = 0$, $j \in J$, bedeutet, reduziert sich diese Gleichung zu

$$\sum_{i \in I} \bar{\lambda}_i g_i(\bar{x}) = 0.$$

Ferner impliziert Bedingung a $g_i(\bar{x}) \leq 0$, $i \in I$, und Bedingung b $\bar{\lambda}_i \geq 0$, $i \in I$, so dass jeder Summand in obiger Summe nichtpositiv ist. Damit die Summe null ergibt, kann dann keiner der Summanden strikt negativ sein, so dass man

$$\bar{\lambda}_i g_i(\bar{x}) = 0, \ i \in I,$$

erhält, also (2.2).

Im zweiten Schritt zum Beweis der gewünschten Äquivalenz setzen wir Bedingung (2.1) bis (2.5) voraus. Aus (2.4) und (2.5) folgt Bedingung a, aus (2.1) und (2.3) folgt Bedingung b, und aus (2.2) und (2.5) folgt Bedingung c. □

2.7.15 Satz (Hinreichende Optimalitätsbedingung für P konvex und C^1)
Das Optimierungsproblem P sei konvex beschrieben und C^1, und $\bar{x}$ sei KKT-Punkt (mit Multiplikatoren $\bar{\lambda}, \bar{\mu}$). Dann ist $\bar{x}$ globaler Minimalpunkt von P.

Beweis Lemma 2.7.14 und 2.7.10. □

Angemerkt sei, dass in Satz 2.7.15 die Forderung, $\bar{x}$ sei ein KKT-Punkt, per Lemma 2.7.14 und Lemma 2.7.10c insbesondere die Forderung nach einer verschwindenden Dualitätslücke impliziert.

2.7.16 Beispiel (Abstand von einer Hyperebene – Fortsetzung 2)

Der Punkt $\bar{x}$ ist KKT-Punkt von Q mit Multiplikator $\bar{\mu}$ genau dann, wenn die Gleichungen $2(\bar{x} - z) + \bar{\mu}a = 0$ und $a^\mathsf{T}\bar{x} - b = 0$ erfüllt sind. Wie oben folgt daraus

$$x^\star = z - \frac{a^\mathsf{T}z - b}{a^\mathsf{T}a}a \quad \text{und} \quad \mu^\star = 2\frac{a^\mathsf{T}z - b}{a^\mathsf{T}a}.$$

◄

Die Darstellung des Resultats aus Satz 2.7.15 als Mengendiagramm in Abb. 2.12 führt auf ein analoges Bild wie in Abb. 2.7.

Abb. 2.12 Hinreichende
Optimalitätsbedingung im
restringierten Fall

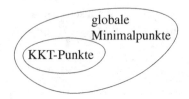

Dies lässt vermuten, dass auch das in Abb. 2.6 illustrierte Resultat analog gilt, d. h. mit dem Begriff „KKT-Punkte" anstelle von „kritische Punkte". Das folgende Beispiel zeigt, dass dies leider *nicht* der Fall ist.

2.7.17 Beispiel

Das Problem

$$P : \quad \min x \quad \text{s.t.} \quad x^2 \le 0$$

ist konvex beschrieben und C^1 mit $M_P = S = \{0\}$. Allerdings ist $\bar{x} = 0$ *kein* KKT-Punkt von P, denn die Lagrange-Funktion von P lautet

$$L(x, \lambda) = x + \lambda x^2,$$

woraus

$$\nabla_x L(x, \lambda) = 1 + 2\lambda x$$

folgt. Die Gleichung des KKT-Systems

$$0 = \nabla_x L(\bar{x}, \lambda) = 1 + 2\lambda \cdot 0 = 1$$

ist somit für kein $\lambda \ge 0$ lösbar. ◄

Dieses Beispiel zeigt, dass das erwartete Analogon zu Korollar 2.4.6, nämlich „jeder globale Minimalpunkt von P ist KKT-Punkt" für restringierte Probleme *nicht* gilt.

In negativer Formulierung bedeutet dies auch: Es ist möglich, dass ein restringiertes Problem zwar keinen KKT-Punkt besitzt, aber trotzdem lösbar ist. Selbst wenn man also beweisen kann, dass ein Problem keine KKT-Punkte besitzt, bedeutet dies noch nicht, dass das Problem auch unlösbar ist.

2.7.18 Übung Zeigen Sie, dass in Beispiel 2.7.17 starke Dualität im Sinne der Identität $v_P = v_D$ gilt. Warum lässt sich die Bedingung $f(\bar{x}) = L(\bar{x}, \bar{\lambda})$ aus Lemma 2.7.10c hier trotzdem nicht erfüllen?

Im Folgenden untersuchen wir, welche zusätzlichen Bedingungen garantieren, dass ein globaler Minimalpunkt KKT-Punkt ist.

2.7.3 Komplementarität

Wie im Beweis zu Lemma 2.7.14 gesehen, ist unter Bedingung a und b aus Lemma 2.7.10 (primale und duale Zulässigkeit) Bedingung c (Gleichheit von primalem und dualen Zielfunktionswert) gleichbedeutend mit

$$\bar{\lambda}_i \geq 0, \quad g_i(\bar{x}) \leq 0, \quad 0 = \bar{\lambda}_i\, g_i(\bar{x}), \quad i \in I.$$

Für jedes $i \in I$ heißt die Bedingung

$$\bar{\lambda}_i \geq 0, \quad g_i(\bar{x}) \leq 0, \quad \bar{\lambda}_i g_i(\bar{x}) = 0$$

Komplementaritätsbedingung.

Je nachdem, ob die Restriktion $g_i(x) \leq 0$ an $\bar{x}$ mit Gleichheit oder mit strikter Ungleichheit erfüllt ist, hat die Komplementaritätsbedingung unterschiedliche Konsequenzen: Im Fall $g_i(\bar{x}) = 0$ ist $\bar{\lambda}_i g_i(\bar{x}) = 0$ für beliebige $\bar{\lambda}_i \geq 0$ erfüllt, d. h., die Komplementaritätsbedingung gilt automatisch. Für $g_i(\bar{x}) < 0$ impliziert die Bedingung $\bar{\lambda}_i g_i(\bar{x}) = 0$ andererseits, dass $\bar{\lambda}_i = 0$ gilt. Der Begriff *Komplementarität* bezieht sich darauf, dass mindestens eine der Zahlen $\bar{\lambda}_i$ und $g_i(\bar{x})$ verschwindet.

Die offensichtlich wichtige Unterscheidung, ob eine Ungleichung mit Gleichheit oder strikter Ungleichheit erfüllt ist, motiviert die folgende Definition.

2.7.19 Definition (Aktive-Index-Menge)
Zu $\bar{x} \in M$ heißt

$$I_0(\bar{x}) = \{i \in I \mid g_i(\bar{x}) = 0\}$$

Menge der aktiven Indizes oder auch *Aktive-Index-Menge* von $\bar{x}$.

Beispielsweise gilt in Abb. 2.13

$$I_0(x^1) = \{1, 3\}, \quad I_0(x^2) = \{2\}, \quad I_0(x^3) = \emptyset.$$

Abb. 2.13 Punkte mit
verschiedenen
Aktive-Index-Menge

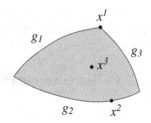

2.7.4 Geometrische Interpretation der KKT-Bedingungen

Da die Komplementaritätsbedingungen für alle $i \notin I_0(\bar{x})$ erzwingen, dass $\bar{\lambda}_i$ verschwindet, ist $\bar{x}$ KKT-Punkt mit Multiplikatoren $\bar{\lambda}, \bar{\mu}$ genau dann, wenn folgendes System erfüllt ist:

$$\nabla f(\bar{x}) + \sum_{i \in I_0(\bar{x})} \bar{\lambda}_i \nabla g_i(\bar{x}) + \sum_{j \in J} \bar{\mu}_j \nabla h_j(\bar{x}) = 0,$$

$$g_i(\bar{x}) = 0, \ i \in I_0(\bar{x}),$$
$$g_i(\bar{x}) < 0, \ i \notin I_0(\bar{x}),$$
$$h_j(\bar{x}) = 0, \ j \in J,$$
$$\bar{\lambda}_i \geq 0, \ i \in I_0(\bar{x}),$$
$$\bar{\lambda}_i = 0, \ i \notin I_0(\bar{x}).$$

Weil die Multiplikatoren zu inaktiven Ungleichungen $\bar{\lambda}_i$, $i \notin I_0(\bar{x})$, nur in der letzten Zeile dieses Systems auftreten, darf man sie genauso gut unterschlagen. Das entstehende System ist weniger für algorithmische Auswertungen als für geometrische Überlegungen und manuelle Berechnungen bei kleinen Problemen geeignet, weil es explizit von der a priori unbekannten Aktive-Index-Menge $I_0(\bar{x})$ abhängt. Man muss es daher per Fallunterscheidung nach den möglichen Aktive-Index-Mengen $I_0(\bar{x}) \subseteq I$ behandeln. Bei einer p-elementigen Menge I entstehen dabei 2^p Fälle.

Um die geometrische Bedeutung der Karush-Kuhn-Tucker-Bedingungen zu verstehen, setzen wir die Kenntnis der Tatsache voraus, dass die Gradienten einer C^1-Funktion senkrecht auf ihren Höhenlinien stehen und in die Richtung des steilsten Anstiegs der Funktionswerte zeigen [34].

Wir betrachten zunächst den Fall *ohne Ungleichungen,* d. h. $I = \emptyset$. Dann reduziert sich das KKT-System zu

$$\nabla f(\bar{x}) + \sum_{j=1}^{q} \bar{\mu}_j \nabla h_j(\bar{x}) = 0,$$

$$h_j(\bar{x}) = 0, \ j \in J.$$

Abb. 2.14 KKT-Punkt für $I = \emptyset$

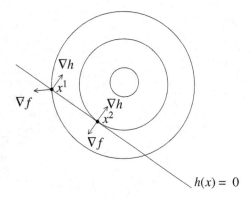

Für $n = 2$ und $q = 1$ zeigt Abb. 2.14 Höhenlinien von $f(x) = x_1^2 + x_2^2$ und eine durch eine lineare Gleichungsrestriktion $h(x) = 0$ beschriebene zulässige Menge. Da die KKT-Bedingungen (neben der Zulässigkeit von $\bar{x}$) besagen, dass ∇f und ∇h an einem KKT-Punkt $\bar{x}$ linear abhängig sind, ist x^1 kein KKT-Punkt, während x^2 KKT-Punkt ist.

Bemerkenswert ist, dass zwar die Geometrie der zulässigen Menge M sich nicht ändert, wenn man h durch $-h$ ersetzt, aber $\nabla(-h) = -\nabla h$ in die zu ∇h entgegengesetzte Richtung zeigt. Obwohl sich also durch die Vorzeichenänderung von h nichts daran ändert, ob $\bar{x}$ zum Beispiel ein lokaler Minimalpunkt ist, ändern sich die KKT-Bedingungen. Dies wird allerdings dadurch kompensiert, dass die Multiplikatoren μ_j, $j \in J$, nicht vorzeichenbeschränkt sind. Die Ersetzung von h_j durch $-h_j$ kann man in den KKT-Bedingungen also einfach dadurch auffangen, dass man $\bar{\mu}_j$ durch $-\bar{\mu}_j$ ersetzt.

Wir wenden uns nun dem Fall *ohne Gleichungen* zu, d. h. $J = \emptyset$. Dann lautet das KKT-System

$$\nabla f(\bar{x}) + \sum_{i \in I_0(\bar{x})} \bar{\lambda}_i \nabla g_i(\bar{x}) = 0,$$

$$g_i(\bar{x}) = 0, \ i \in I_0(\bar{x}),$$
$$g_i(\bar{x}) < 0, \ i \notin I_0(\bar{x}),$$
$$\bar{\lambda}_i \geq 0, \ i \in I_0(\bar{x}).$$

Dies bedeutet insbesondere, dass der Vektor $-\nabla f(\bar{x})$ in der Menge

$$\text{cone}\left(\{\nabla g_i(\bar{x}), \ i \in I_0(\bar{x})\}\right) := \left\{ \sum_{i \in I_0(\bar{x})} \lambda_i \nabla g_i(\bar{x}) \,\middle|\, \lambda \geq 0 \right\}$$

liegt, also dem von den Vektoren $\nabla g_i(\bar{x})$, $i \in I_0(\bar{x})$, aufgespannten konvexen Kegel.

Für $n = 2$ und $p = 3$ zeigt Abb. 2.15 eine durch konvexe Ungleichungen beschriebene zulässige Menge, Höhenlinien einer linearen Zielfunktion f (z. B. $f(x) = x_1 + x_2$) sowie

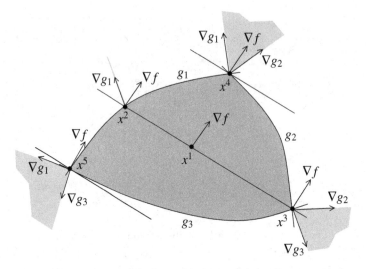

Abb. 2.15 KKT-Punkt für $J = \emptyset$

einige von Gradienten aktiver Ungleichungen aufgespannte konvexe Kegel. Durch die obige geometrische Interpretation macht man sich leicht klar, dass unter den Punkten x^1 bis x^5 in Abb. 2.15 nur x^5 KKT-Punkt ist. Da P ein konvex beschriebenes Optimierungsproblem ist, muss x^5 sogar globaler Minimalpunkt sein.

Ungünstig für dieses Konzept ist beispielsweise eine „Spitze" an der zulässigen Menge, wie sie in Abb. 2.16 dargestellt ist. Wie in Beispiel 2.7.17 ist $\bar{x}$ dann zwar globaler Minimalpunkt, aber kein KKT-Punkt.

2.7.5 Constraint Qualifications

Diese geometrischen Betrachtungen motivieren die Einführung von *Constraint Qualifications,* unter denen globale Minimalpunkte stets KKT-Punkte sind. Da Constraint Qualifications eine nichtdegenerierte Struktur der zulässigen Menge garantieren [34], spielt in ihrer Formulierung die Zielfunktion f von P keine Rolle.

Abb. 2.16 Zulässige Menge
mit „Spitze"

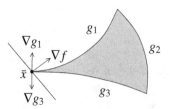

2.7.20 Definition (Constraint Qualifications)

a) An $\bar{x} \in M$ gilt die *Lineare-Unabhängigkeits-Bedingung (LUB)*, falls die Vektoren $\nabla g_i(\bar{x})$, $i \in I_0(\bar{x})$, $\nabla h_j(\bar{x})$, $j \in J$, linear unabhängig sind (d. h., die Gleichung

$$\sum_{i \in I_0(\bar{x})} \lambda_i \nabla g_i(\bar{x}) + \sum_{j \in J} \mu_j \nabla h_j(\bar{x}) = 0$$

hat nur die Lösung $(\lambda, \mu) = (0, 0)$).

b) An $\bar{x} \in M$ gilt die *Mangasarian-Fromowitz-Bedingung (MFB)*, falls die Vektoren $\nabla h_j(\bar{x})$, $j \in J$, linear unabhängig sind und das System

$$\langle \nabla g_i(\bar{x}), d \rangle < 0, \ i \in I_0(\bar{x}), \ \langle \nabla h_j(\bar{x}), d \rangle = 0, \ j \in J,$$

eine Lösung d besitzt (was laut z. B. [34] dazu äquivalent ist, dass das System

$$\sum_{i \in I_0(\bar{x})} \lambda_i \nabla g_i(\bar{x}) + \sum_{j \in J} \mu_j \nabla h_j(\bar{x}) = 0,$$

$$\lambda \geq 0$$

nur die Lösung $(\lambda, \mu) = (0, 0)$ besitzt).

c) M erfüllt die *Slater-Bedingung (SB)*, falls die Vektoren $\nabla h_j(x)$, $j \in J$, für alle $x \in M$ linear unabhängig sind und falls ein $x^\star$ mit $g_i(x^\star) < 0$, $i \in I$, $h_j(x^\star) = 0$, $j \in J$, existiert. Der Punkt $x^\star$ wird dann *Slater-Punkt* genannt.

Die ersten beiden Constraint Qualifications in Definition 2.7.20 unterscheiden sich von der dritten grundsätzlich dadurch, dass die LUB und die MFB *lokale* Bedingungen an *einem* $\bar{x} \in M$ sind, während die SB eine *globale* Bedingung an ganz M stellt.

2.7.21 Übung Zeigen Sie, dass die LUB an $\bar{x} \in M$ die MFB an $\bar{x} \in M$ impliziert, dass aber die Umkehrung dieser Aussage nicht gilt.

2.7.22 Lemma

Es gelte $h_j(x) = a_j^\mathsf{T} x + b_j$, $j \in J$, *und es seien*

$$A = \begin{pmatrix} a_1^\mathsf{T} \\ \vdots \\ a_q^\mathsf{T} \end{pmatrix}, \quad b = \begin{pmatrix} b_1 \\ \vdots \\ b_q \end{pmatrix}, \quad \text{also} \quad h(x) = \begin{pmatrix} h_1(x) \\ \vdots \\ h_q(x) \end{pmatrix} = Ax + b.$$

Dann erfüllt M genau dann die SB, wenn rang $A = q$ *gilt und wenn ein* $x^\star$ *existiert mit* $g_i(x^\star) < 0$, $i \in I$, $h_j(x^\star) = 0$, $j \in J$.

Beweis Für alle $j \in J$ lauten die Gradienten $\nabla h_j(x) = a_j$, und sie sind unabhängig von x.
□

Die folgenden beiden Ergebnisse werden in [34] bewiesen. An Satz 2.7.23 mag auf den ersten Blick überraschend wirken, dass er für konvex beschriebene Mengen die Äquivalenz der lokalen MFB mit der globalen SB postuliert. Für seinen Beweis ist aber natürlich zentral, dass Konvexität ihrerseits eine globale Voraussetzung ist.

2.7.23 Satz

Die Funktionen g_i, $i \in I$, *seien konvex und* C^1 *auf* $\mathbb{R}^n$, *die Funktionen* h_j, $j \in J$, *seien linear, und es gelte* $M \neq \emptyset$. *Dann sind die folgenden Aussagen äquivalent:*

a) *Die MFB gilt irgendwo in M.*
b) *Die MFB gilt überall in M.*
c) *M erfüllt die SB.*

Für den folgenden Satz ist keine Konvexitätsvoraussetzung erforderlich.

2.7.24 Satz (Satz von Karush-Kuhn-Tucker für nichtlineare Probleme)

Das Optimierungsproblem P sei C^1, *und* $\bar{x} \in M$ *sei ein lokaler Minimalpunkt von P, an dem die MFB gilt. Dann ist* $\bar{x}$ *KKT-Punkt von P.*

Wegen Übung 2.7.21 kann man in Satz 2.7.24 statt der MFB auch die leichter überprüfbare, aber stärkere LUB voraussetzen. Bei konvexen Problemen geht man stattdessen von der MFB zur leichter überprüfbaren SB über.

2.7.25 Satz (Satz von Karush-Kuhn-Tucker für konvexe Probleme)
Das Optimierungsproblem P sei konvex beschrieben und C^1, M erfülle die SB, und $\bar{x} \in M$ sei ein Minimalpunkt von P. Dann ist $\bar{x}$ KKT-Punkt von P.

Beweis Satz 2.7.23 und 2.7.24. $\square$

Satz 2.7.25 impliziert insbesondere, dass unter der SB in M im Fall der Lösbarkeit von P die Dualitätslücke verschwindet.

Zusammengefasst haben wir für konvexe Optimierungsprobleme P die folgenden Zusammenhänge gezeigt.

Für jedes unrestringierte konvexe C^1-Problem P gilt

$$\bar{x} \text{ kritischer Punkt} \quad \begin{array}{c} \text{Satz 2.4.5} \\ \Rightarrow \\ \Leftarrow \\ \text{Satz 2.4.2} \end{array} \quad \bar{x} \text{ globaler Minimalpunkt.}$$

Für jedes restringierte konvex beschriebene C^1-Problem P gilt

$$\bar{x} \text{ KKT-Punkt} \quad \begin{array}{c} \text{Satz 2.7.15} \\ \Rightarrow \\ \Leftarrow \\ \textbf{SB,} \text{Satz 2.7.25} \end{array} \quad \bar{x} \text{ globaler Minimalpunkt.}$$

Während man im unrestringierten Fall also ohne Zusatzbedingungen die Charakterisierung globaler Minimalpunkte als kritische Punkte erhält (Korollar 2.4.6), benötigt man im restringierten Fall für einen Teil der Charakterisierung die Slater-Bedingung.

2.7.26 Korollar (Charakterisierung globaler Minimalpunkte unter SB)
Das Optimierungsproblem P sei konvex beschrieben und C^1, und M erfülle die SB. Dann sind die globalen Minimalpunkte von P genau die KKT-Punkte von P.

Beweis Satz 2.7.15 und 2.7.25. $\square$

Da die SB in Optimierungsproblemen sehr häufig erfüllt ist, bildet sie keine besonders einschränkende Voraussetzung für die Charakterisierungsaussage in Korollar 2.7.26.

Die Situation vereinfacht sich, wenn sowohl die Gleichungs- als auch die Ungleichungs-restriktionen sämtlich linear sind. In diesem Fall ist im Satz von Karush-Kuhn-Tucker keine Constraint Qualification nötig [34].

2.7.27 Satz (Satz von Karush-Kuhn-Tucker für lineare Restriktionen)
Die Funktion f sei C^1 auf $\mathbb{R}^n$, die Funktionen g_i, $i \in I$, h_j, $j \in J$, seien linear, und $\bar{x} \in M$ sei ein lokaler Minimalpunkt von P. Dann ist $\bar{x}$ KKT-Punkt von P.

2.7.28 Korollar (Charakterisierung globaler Minimalpunkte bei linearen Restriktionen)
Die Funktion f sei konvex und C^1 auf $\mathbb{R}^n$, und die Funktionen g_i, $i \in I$, h_j, $j \in J$, seien linear. Dann sind die globalen Minimalpunkte von P genau die KKT-Punkte von P.

Beweis Satz 2.7.15 und Satz 2.7.27.   □

2.7.29 Korollar (Charakterisierung globaler Minimalpunkte bei LPs)
P sei ein lineares Optimierungsproblem. Dann sind die globalen Minimalpunkte von P genau die KKT-Punkte von P.

Beweis P erfüllt alle Voraussetzungen von Korollar 2.7.28, denn die lineare Zielfunktion f ist konvex und C^1 auf $\mathbb{R}^n$.   □

Auf Korollar 2.7.29 basiert unter anderem der Simplex-Algorithmus der linearen Opti-mierung, denn sein Abbruchkriterium ist genau dann erfüllt, wenn er einen KKT-Punkt identifiziert hat.

Wir beenden diesen Abschnitt mit einem Beispiel, das die Anwendung der Karush-Kuhn-Tucker-Bedingungen illustriert.

2.7.30 Beispiel

Wir betrachten das Problem, die Distanz eines beliebigen Punkts $z \in \mathbb{R}^2$ zur Menge

$$M = \{x \in \mathbb{R}^2 \,|\, x_1^2 + x_2^2 \leq 1,\ x_2 \geq 0\}$$

zu bestimmen, also den Optimalwert des Projektionsproblems

$$P: \quad \min_x \|x - z\|_2 \quad \text{s.t.} \quad x_1^2 + x_2^2 \leq 1,$$
$$x_2 \geq 0.$$

Abb. 2.17 illustriert die geometrische Situation.

Da die Lösung von P offenbar von der Lage des Parameters z abhängt, handelt es sich bei P um ein parametrisches Optimierungsproblem [35], das man genauer auch mit $P(z)$ bezeichnen könnte. Darauf werden wir in diesem Beispiel aber verzichten.

Durch Quadrieren der Zielfunktion erhalten wir das konvex beschriebene C^1-Problem

$$Q: \quad \min_x f(x) = x^\mathsf{T}x - 2z^\mathsf{T}x + z^\mathsf{T}z \quad \text{s.t.} \quad g_1(x) = x_1^2 + x_2^2 - 1 \leq 0,$$
$$g_2(x) = -x_2 \leq 0,$$

dessen zulässige Menge M die SB erfüllt. Die Distanz von z zu M (also der Minimalwert von P) stimmt mit der Wurzel aus dem Minimalwert von Q überein, und die globalen Minimalpunkte von P sind mit denen von Q identisch. Nach Korollar 2.7.26 sind die globalen Minimalpunkte von Q außerdem genau die KKT-Punkte von Q. Um die Distanz von z zu M zu berechnen, reicht es also, die Zielfunktion von P an den KKT-Punkten von Q auszuwerten.

Dazu geben wir zunächst die Gradienten der beteiligten Funktionen an:

$$\nabla f(x) = 2(x - z), \quad \nabla g_1(x) = 2x, \quad \nabla g_2(x) = \begin{pmatrix} 0 \\ -1 \end{pmatrix}.$$

Nun sei x ein KKT-Punkt von Q. In jedem Fall erfüllt x dann die beiden M definierenden Ungleichungen, und außerdem muss man zur Formulierung der KKT-Bedingungen

Abb. 2.17 Distanzproblem

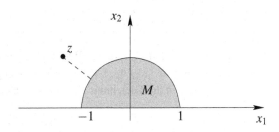

entweder die Komplementaritätsbedingungen aufstellen oder alternativ eine Fallunterscheidung nach den möglichen Aktive-Index-Mengen durchführen. Da die Indexmenge $I = \{1, 2\}$ aus zwei Elementen besteht, besitzt sie vier verschiedene Teilmengen. Wir betrachten jetzt diese Fallunterscheidungen.

Fall 1: $I_0(x) = \emptyset$
Das KKT-System lautet

$$0 = \nabla f(x) = 2(x - z),$$
$$1 > x^{\mathsf{T}} x,$$
$$0 < x_2.$$

Hieraus folgen die Gleichung $x = z$ sowie die Ungleichungen $z^{\mathsf{T}} z < 1$ und $z_2 > 0$. Damit ist auch klar, für welche z dieses KKT-System überhaupt lösbar ist, nämlich für

$$z \in M_< := \left\{ x \in \mathbb{R}^n \mid x_1^2 + x_2^2 < 1, \ x_2 > 0 \right\}.$$

Die Lösung des KKT-Systems und damit der globale Minimalpunkt von Q lauten in diesem Fall natürlich

$$x^\star = z,$$

und der Minimalwert, also die Distanz von z zu M, beträgt offenbar null.

Fall 2: $I_0(x) = \{1\}$
Das KKT-System ist

$$0 = \nabla f(x) + \lambda_1 \nabla g_1(x) = 2(x - z) + \lambda_1 2x,$$
$$1 = x^{\mathsf{T}} x,$$
$$0 < x_2,$$
$$0 \le \lambda_1.$$

Aus der ersten Gleichung folgt $(1 + \lambda_1)x = z$. Um die zweite Gleichung zu nutzen, bilden wir auf beiden Seiten das Skalarprodukt des Vektors mit sich selbst und erhalten

$$(1 + \lambda_1)^2 \underbrace{x^{\mathsf{T}} x}_{=1} = z^{\mathsf{T}} z \quad \Rightarrow \quad 1 + \lambda_1 = \pm \|z\|_2 \quad \Rightarrow \quad \lambda_1 = \pm \|z\|_2 - 1.$$

Wegen $\lambda_1 \ge 0$ kommt in dieser Bedingung nur die „+"-Alternative in Frage, und sie ist dann genau für $\|z\|_2 \ge 1$ lösbar. Um das zugehörige x zu bestimmen, setzen wir $\lambda_1 = \|z\|_2 - 1$ in die Gleichung $(1 + \lambda_1)x = z$ ein und erhalten

$$x^\star = \frac{z}{\|z\|_2}.$$

Aus der Bedingung $x_2^\star > 0$ folgt nun noch $z_2 > 0$. Als Minimalwert von P erhält man

$$\|x^\star - z\|_2 = \left\|\left(\frac{1}{\|z\|_2} - 1\right)z\right\|_2 = \left(1 - \frac{1}{\|z\|_2}\right)\|z\|_2 = \|z\|_2 - 1.$$

Zusammengefasst gilt: Im Fall $\|z\|_2 \geq 1$, $z_2 > 0$ ist $x^\star = z/\|z\|_2$ globaler Minimalpunkt mit $\mathrm{dist}(z, M) = \|z\|_2 - 1$.

Fall 3: $I_0(x) = \{2\}$
Das KKT-System lautet

$$0 = \nabla f(x) + \lambda_2 \nabla g_2(x) = 2(x - z) + \lambda_2 \begin{pmatrix} 0 \\ -1 \end{pmatrix},$$

$$1 > x^\mathsf{T}x,$$

$$0 = x_2,$$

$$0 \leq \lambda_2.$$

Aus den Gleichungen dieses Systems folgt $x_1 = z_1$, $x_2 = 0$ sowie $\lambda_2 = -2z_2$, also insbesondere

$$x^\star = \begin{pmatrix} z_1 \\ 0 \end{pmatrix}.$$

Der Minimalwert lautet damit $\|x^\star - z\| = \|(0, -z_2)^\mathsf{T}\| = |z_2|$.
Die Ungleichungen geben Auskunft darüber, für welche z das System lösbar ist: Aus $1 > (x^\star)^\mathsf{T}x^\star = z_1^2$ folgt $z_1 \in (-1, 1)$, und aus $0 \leq \lambda_2 = -2z_2$ folgt $z_2 \leq 0$. Zusammengefasst erhalten wir für alle z mit $z_1 \in (-1, 1)$ und $z_2 \leq 0$ den Minimalpunkt $x^\star = (z_1, 0)^\mathsf{T}$ mit $\mathrm{dist}(z, M) = -z_2$.

Fall 4: $I_0(x) = \{1, 2\}$
Das KKT-System lautet

$$0 = \nabla f(x) + \lambda_1 \nabla g_1(x) + \lambda_2 \nabla g_2(x) = 2(x - z) + 2\lambda_1 x + \lambda_2 \begin{pmatrix} 0 \\ -1 \end{pmatrix},$$

$$1 = x^\mathsf{T}x,$$

$$0 = x_2,$$

$$0 \leq \lambda_1,$$

$$0 \leq \lambda_2.$$

Aus der zweiten und dritten Gleichung folgen die beiden Lösungskandidaten

$$x^1 = \begin{pmatrix} -1 \\ 0 \end{pmatrix} \quad \text{und} \quad x^2 = \begin{pmatrix} 1 \\ 0 \end{pmatrix}.$$

Abb. 2.18 Niveaulinienbild
von dist(z, M) in Beispiel
2.7.30

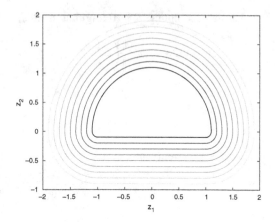

Für x^1 ergibt die erste Gleichung

$$z = (1 + \lambda_1) \begin{pmatrix} -1 \\ 0 \end{pmatrix} + \frac{\lambda_2}{2} \begin{pmatrix} 0 \\ -1 \end{pmatrix} = - \begin{pmatrix} 1 + \lambda_1 \\ \frac{\lambda_2}{2} \end{pmatrix}$$

und damit $\lambda_1 = -z_1 - 1$ und $\lambda_2 = -2z_2$. Aus den Vorzeichenbedingungen an λ_1 und λ_2 folgt die Optimalität von x^1 für $z_1 \leq -1$, $z_2 \leq 0$ mit dist$(z, M) = \|x^1 - z\|_2 = \sqrt{(z_1 + 1)^2 + z_2^2}$. Analog überzeugt man sich von der Optimalität von x^2 im Fall $z_1 \geq 1$, $z_2 \leq 0$, und zwar mit dist$(z, M) = \|x^2 - z\|_2 = \sqrt{(z_1 - 1)^2 + z_2^2}$.
Als Zusammenfassung der Ergebnisse aller vier Fälle erhalten wir

$$\text{dist}(z, M) = \begin{cases} 0, & \text{falls } \|z\|_2 < 1, \ z_2 > 0 \\ \|z\|_2 - 1, & \text{falls } \|z\|_2 \geq 1, \ z_2 > 0 \\ -z_2, & \text{falls } |z_1| < 1, \ z_2 \leq 0 \\ \sqrt{(z_1 + 1)^2 + z_2^2}, & \text{falls } z_1 \leq -1, \ z_2 \leq 0 \\ \sqrt{(z_1 - 1)^2 + z_2^2}, & \text{falls } z_1 \geq 1, \ z_2 \leq 0. \end{cases}$$

Abb. 2.18 zeigt einige Niveaulinien der Funktion $z \mapsto \text{dist}(z, M)$.
◄

2.8   Numerische Verfahren

Nach Satz 2.1.6 genügen zur Identifizierung *globaler* Minimalpunkte konvexer Optimierungsprobleme zunächst Verfahren, die nur *lokale* Minimalpunkte erzeugen. Solche Verfahren werden nicht in der globalen, sondern in der nichtlinearen (lokalen) Optimierung entwickelt [34] und daher im Folgenden nur kurz angerissen. Bei Anwendung dieser Verfahren müssen wegen ihrer unterschiedlichen Glattheitsvoraussetzungen die definierenden Funktionen von P jeweils hinreichend oft stetig differenzierbar sein.

Tatsächlich garantieren die Verfahren der nichtlinearen Optimierung häufig gar nicht die Identifizierung eines lokalen Minimalpunkts, sondern benutzen als Abbruchkriterium nur eine Optimalitätsbedingung erster Ordnung, erzeugen also die Approximation eines kritischen Punkts für unrestringierte Probleme oder eines KKT-Punkts für restringierte Probleme. Auch dies reicht für konvexe Optimierungsprobleme aber aus, denn es gilt

- nach Satz 2.4.5 für jedes unrestringierte konvexe C^1-Problem P, dass jedes numerische Verfahren, das einen kritischen Punkt $x^\star$ erzeugt, mit $x^\star$ auch einen globalen Minimalpunkt identifiziert (z. B. Gradientenverfahren, (Quasi-)Newton-Verfahren, CG-Verfahren, Trust-Region-Verfahren [34]), und
- nach Satz 2.7.15 für jedes restringierte konvex beschriebene C^1-Problem P, dass jedes numerische Verfahren, das einen KKT-Punkt $x^\star$ erzeugt, mit $x^\star$ auch einen globalen Minimalpunkt identifiziert (z. B. Strafterm-, Barriere-, SQP-Verfahren [34]).

Zur Vollständigkeit stellen Abschn. 2.8.1 und 2.8.2 kurz die Grundideen von zwei zentralen Verfahren der nichtlinearen unrestringierten Optimierung vor, nämlich des Gradienten- und des Newton-Verfahrens. Für Einzelheiten und intelligentere Verfahren sei auf [34] verwiesen. Während diese Verfahren die strukturelle Besonderheit eines konvexen Optimierungsproblems ignorieren und höchstens indirekt von Konvexität profitieren, stellen wir im Anschluss drei auf Konvexität zugeschnittene Verfahren vor.

Abschn. 2.8.3 diskutiert zunächst kurz die Idee von Schnittebenen für ein konvexes unrestringiertes Problem, bevor in Abschn. 2.8.4 das Schnittebenenverfahren von Kelley für restringierte konvexe Probleme vorgestellt wird. Einen anderen Ansatz zur Lösung konvexer restringierter Probleme verfolgt das in Abschn. 2.8.5 behandelte Verfahren von Frank-Wolfe. Während sich die Ideen dieser beiden älteren Verfahren in vielen modernen Algorithmen für größere Problemklassen (etwa in der gemischt-ganzzahligen Optimierung [32]) wiederfinden, sind sie für praktische Probleme meist den in Abschn. 2.8.6 beschriebenen primal-dualen Innere-Punkte-Methoden unterlegen, die explizit Dualitätsinformation ausnutzen. Für *nichtglatte* konvexe Probleme gibt es eine Reihe von Verfahren (z. B. Subgradienten- und Bündelungsverfahren), auf die wir im Rahmen dieses Lehrbuchs nicht eingehen können [3].

2.8.1 Grundidee des Gradientenverfahrens

Das Gradientenverfahren ist ein iteratives Verfahren, das einen vom Nutzer vorgegebenen Startpunkt $x^0 \in \mathbb{R}^n$ schrittweise so lange verbessert, bis der Gradient der Zielfunktion f an der aktuellen Iterierten „hinreichend kurz" ist. In diesem Sinne ist die letzte erzeugte Iterierte die Approximation eines kritischen Punkts der Zielfunktion.

Abb. 2.19 Gradient und
Höhenlinie von f in x^0

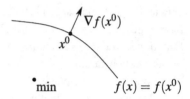

Zur Umsetzung gibt der Nutzer neben x^0 eine Abbruchtoleranz $\varepsilon > 0$ vor. In der ersten Iteration wird geprüft, ob zufällig bereits $\|\nabla f(x^0)\| \leq \varepsilon$ gilt. In diesem Fall stoppt das Verfahren direkt mit x^0 als der gesuchten Approximation eines kritischen Punkts.

Anderenfalls nutzt man, dass $\nabla f(x^0)$ senkrecht auf der Niveaufläche $\{x \in \mathbb{R}^n |\ f(x) = f(x^0)\}$ steht und in Richtung des steilsten *An*stiegs von f zeigt (Abb. 2.19). Zum Minimieren von f von x^0 aus kann man also einen Schritt in die Richtung des steilsten *Ab*stiegs, $d^0 = -\nabla f(x^0)$ unternehmen. Die Schrittweite $t^0 > 0$ wird mit Hilfe einer Schrittweitensteuerung, etwa der Armijo-Regel, bestimmt [34]. Man setzt dann $x^1 = x^0 + t^0 d^0$ und prüft wieder $\|\nabla f(x^1)\| \leq \varepsilon$ usw.

Unter schwachen Voraussetzungen bricht das Gradientenverfahren nach endlich vielen Schritten ab. Dies kann wegen des sogenannten Zigzagging-Effekts allerdings lange dauern, woran sich auch bei konvexen Funktionen nichts ändert [34].

2.8.2 Grundidee des Newton-Verfahrens

Das Newton-Verfahren ist zunächst ein Verfahren zur Nullstellensuche. Um für eine C^1-Funktion $g : \mathbb{R}^n \to \mathbb{R}^n$ eine Lösung der Gleichung $g(x) = 0$ zu approximieren, geht es wie folgt vor: Der Anwender stellt wieder einen Startpunkt $x^0 \in \mathbb{R}^n$ und eine Abbruchtoleranz $\varepsilon > 0$ zur Verfügung. Falls zufällig schon $\|g(x^0)\| \leq \varepsilon$ gilt, stoppt das Verfahren mit x^0 als Approximation einer Nullstelle.

Ansonsten wird g um x^0 *linearisiert* und das linearisierte Problem gelöst. Für den Fall $n = 1$ ist das Vorgehen in Abb. 2.20 illustriert. „Linearisieren" von g bedeutet im Schaubild, dass der Graph von g durch seine Tangente am Punkt $(x^0, g(x^0))$ ersetzt wird, d. h., g wird durch die Funktion $g(x^0) + g'(x^0)(x - x^0)$ approximiert. „Lösen der Linearisierung" bedeutet, dass eine Nullstelle der die Tangente beschreibenden linearen Funktion ermittelt wird: Aus

$$0 = g(x^0) + g'(x^0)(x - x^0)$$

erhält man als neue Iterierte den Punkt

$$x^1 = x^0 - \frac{g(x^0)}{g'(x^0)}.$$

Abb. 2.20 Newton-Verfahren
zur Nullstellensuche

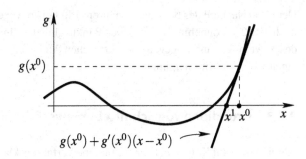

Dazu muss natürlich $g'(x^0) \neq 0$ gelten.

Für allgemeines n bedeutet die Nullstellensuche für die Linearisierung das Lösen des linearen Gleichungssystems

$$0 = g(x^0) + \underbrace{Dg(x^0)}_{(n,n)\text{-Matrix}} (x - x^0),$$

woraus

$$x^1 = x^0 - (Dg(x^0))^{-1} g(x^0)$$

folgt. Dazu muss $Dg(x^0)$ invertierbar sein. Man prüft dann wieder $\|g(x^1)\| \leq \varepsilon$ usw.

Optimierungsprobleme löst man per Newton-Verfahren, indem man einen kritischen Punkt sucht, also das Nullstellenproblem $g(x) := \nabla f(x) = 0$ mit dem Newton-Verfahren löst. In Iteration k gilt dann

$$x^{k+1} = x^k - (D^2 f(x^k))^{-1} \nabla f(x^k).$$

Zur Suchrichtung $d^k = -(D^2 f(x^k))^{-1} \nabla f(x^k)$ kann man zusätzlich eine Schrittweite $t^k > 0$ bestimmen (z. B. wieder per Armijo-Regel) und dann $x^{k+1} = x^k + t^k d^k$ setzen (man spricht in diesem Fall vom *gedämpften* Newton-Verfahren). Die Konvergenz dieses Verfahrens ist sehr schnell, falls x^0 nahe an einer Lösung liegt.

Nachteile des Newton-Verfahrens sind im allgemeinen Fall:

- Man weiß üblicherweise nicht, ob x^0 nahe genug an einem kritischen Punkt liegt.
- $D^2 f(x^k)$ ist nicht notwendigerweise invertierbar (d. h., $D^2 f(x^k) d^k = -\nabla f(x^k)$ ist nicht notwendigerweise lösbar).
- Approximiert werden beliebige kritische Punkte, also auch lokale Maximalpunkte und Sattelpunkte. Dies ist beim Gradientenverfahren eher nicht zu erwarten, da durch die Wahl von Suchrichtung und Schrittweite der Zielfunktionswert in jeder Iteration reduziert wird.

Der *letzte* Nachteil des Newton-Verfahrens tritt bei konvexen Problemen nicht auf, da für sie nach Satz 2.4.5 ohnehin alle kritischen Punkte globale Minimalpunkte sind. Die Konvergenz des Newton-Verfahrens gegen einen kritischen Punkt genügt daher für die Konvergenz gegen einen globalen Minimalpunkt.

2.8.3 Grundidee von Schnittebenenverfahren

Als eine erste auf Konvexität zugeschnittene Verfahrensklasse betrachten wir Schnittebenen-verfahren. Der vorliegende Abschnitt beschreibt die Grundidee zunächst für unrestringierte Probleme. Historisch lag der Grund zur Einführung von Schnittebenenverfahren darin, dass *lineare* Optimierungsprobleme seit Einführung des Simplex-Algorithmus gut lösbar waren, man also versuchen konnte, konvexe durch lineare Probleme zu approximieren.

Die entscheidende Beobachtung dazu besteht darin, dass der Graph einer konvexen C^1-Funktion f laut Satz 2.2.3 über jeder seiner Tangenten liegt (bzw. über jeder seiner Tangentialebenen, falls $n > 1$).

Zu zwei gegebenen Punkten $x^1, x^2 \in \mathbb{R}^n$ wie in Abb. 2.21 liegt der Graph von f sowohl über dem Graphen der Tangente $T_1(x) = f(x^1) + \langle \nabla f(x^1), x - x^1 \rangle$ als auch über dem von $T_2(x) = f(x^2) + \langle \nabla f(x^2), x - x^2 \rangle$. Für alle $x \in \mathbb{R}^n$ gilt also

$$f(x) \ \geq \ \max\{T_1(x),\ T_2(x)\}\,.$$

Analog kann man so für k Punkte $x^1, \ldots, x^k$ vorgehen, so dass f von unten stückweise linear approximiert wird. Statt f zu minimieren, löst man jetzt das approximierende Hilfsproblem

$$\min_x \ \max_{i=1,\ldots,k} \ T_i(x).$$

Falls die Lösung x^{k+1} kein Abbruchkriterium (wie z. B. $\|\nabla f(x^{k+1})\| \leq \varepsilon$) erfüllt, fügt man die Linearisierung

$$T_{k+1}(x) \ = \ f(x^{k+1}) + \langle \nabla f(x^{k+1}), x - x^{k+1} \rangle$$

zur Maximumsbildung hinzu, löst erneut usw.

Abb. 2.21 Idee des Schnittebenenverfahrens für $n = 1$

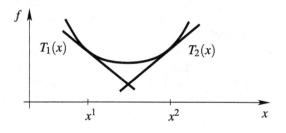

Die Lösung des eigentlich nichtglatten Hilfsproblems gelingt per Epigraphumformulierung (Übung 1.3.7), nach der die folgenden Optimierungsprobleme äquivalent zueinander sind:

$$\min_{x} \max_{i=1,\ldots,k} T_i(x) \quad\Leftrightarrow\quad \min_{x,\alpha} \alpha \ \text{ s.t. } \ \max_{i=1,\ldots,k} T_i(x) \leq \alpha$$

$$\Leftrightarrow\quad \min_{x,\alpha} \alpha \ \text{ s.t. } \ T_i(x) \leq \alpha, \ i = 1, \ldots, k$$

$$\Leftrightarrow\quad \min_{x,\alpha} \alpha \ \text{ s.t. } \ \underbrace{f(x^i) + \langle \nabla f(x^i), x - x^i \rangle - \alpha}_{\text{linear in } (x,\alpha)} \leq 0, \ i = 1, \ldots, k.$$

Damit wird das approximierende Hilfsproblem zu einem äquivalenten linearen Optimierungsproblem umformuliert, das sich beispielsweise per Simplex-Algorithmus lösen lässt.

Im Hinblick auf den späteren Satz 3.5.2 für nichtkonvexe Probleme halten wir an dieser Stelle fest, dass ein Optimalpunkt (x^{k+1}, α^{k+1}) des obigen linearen Problems für den gesuchten Optimalwert $v = \min_{x \in \mathbb{R}^n} f(x)$ eine *Einschließung* liefert. Es gilt nämlich zum einen offensichtlich $v \leq f(x^{k+1})$, zum anderen wegen der Minimalität von x^{k+1} aber auch für alle $x \in \mathbb{R}^n$

$$\alpha^{k+1} = \max_{i=1,\ldots,k} T_i(x^{k+1}) \leq \max_{i=1,\ldots,k} T_i(x) \leq f(x),$$

also $\alpha^{k+1} \leq v$. Der Optimalwert v liegt demnach garantiert im Intervall $[\alpha^{k+1}, f(x^{k+1})]$.

2.8.4 Das Schnittebenenverfahren von Kelley

Das 1960 publizierte Schnittebenenverfahren von Kelley [24] bedient sich ähnlicher Ideen, allerdings für *restringierte* Probleme der Form

$$P: \quad \min c^{\mathsf{T}} x \ \text{ s.t. } \ g_i(x) \leq 0, \ i \in I \, (= \{1, \ldots, p\}),$$
$$Ax \leq b$$

mit auf $\mathbb{R}^n$ konvexen und stetig differenzierbaren Funktionen g_i, $i \in I$. Jedes konvex beschriebene Optimierungsproblem lässt sich in diese Form bringen, denn

- falls die Zielfunktion nichtlinear konvex ist, „verschiebt" man sie per Epigraphumformulierung in die Nebenbedingungen,
- falls Gleichungsnebenbedingungen vorliegen, sind diese linear und können daher als jeweils zwei lineare Ungleichungen geschrieben werden (diese Technik wendet man nur wie hier bei linearen Gleichungen an, denn bei *nicht*linearen Gleichungen zerstört sie wichtige Regularitätseigenschaften [34]).

Die Trennung zwischen linearen und nichtlinear konvexen Nebenbedingungen ist im Folgenden wichtig, da lineare Restriktionen nicht mehr linearisiert zu werden brauchen. Wir definieren daher die Mengen

$$K = \left\{ x \in \mathbb{R}^n \mid g_i(x) \le 0,\ i \in I \right\}$$

und

$$L = \left\{ x \in \mathbb{R}^n \mid Ax \le b \right\}.$$

Offenbar lautet die zulässige Menge damit $M := K \cap L$. Im Weiteren sei M nichtleer und beschränkt (so dass P nach dem Satz von Weierstraß einen globalen Minimalpunkt besitzt).

Als begleitendes Beispiel lösen wir das Problem

$$P: \quad \min x_2 \quad \text{s.t.} \quad x_1^2 + x_2^2 \le 1,$$
$$x_2 \ge e^{x_1},$$
$$x_1 \le -\tfrac{1}{2},$$
$$x_2 \ge x_1.$$

Hier gilt

$$c = \begin{pmatrix} 0 \\ 1 \end{pmatrix},$$

$$g_1(x) = x_1^2 + x_2^2 - 1,$$
$$g_2(x) = e^{x_1} - x_2,$$

$$A = \begin{pmatrix} 1 & 0 \\ 1 & -1 \end{pmatrix},$$

$$b = \begin{pmatrix} -\tfrac{1}{2} \\ 0 \end{pmatrix},$$

$$K = \left\{ x \in \mathbb{R}^2 \mid x_1^2 + x_2^2 \le 1,\ x_2 \ge e^{x_1} \right\},$$
$$L = \left\{ x \in \mathbb{R}^2 \mid x_1 \le -\tfrac{1}{2},\ x_2 \ge x_1 \right\}.$$

Die zulässige Menge von P ist in Abb. 2.22 dargestellt.

Grundidee des Verfahrens ist es, M durch lineare Ungleichungen von außen zu approximieren und diese Approximation sukzessive zu verbessern. Da L ohnehin schon durch lineare Ungleichungen beschrieben ist, betrifft die Approximation nur K.

Bestimme dazu zunächst ein konvexes Polyeder (d. h. eine durch endlich viele lineare Ungleichungen beschriebene Menge) B mit $K \subseteq B$ und setze $M^0 := B \cap L$. Dann ist M^0 ein konvexes Polyeder mit $M \subseteq M^0$. Wegen der Beschränktheit von M lässt sich B so wählen, dass M^0 ein konvexes Polytop wird, d. h. ein nichtleeres und beschränktes konvexes Polyeder.

Abb. 2.22 Zulässige Menge von P im begleitenden Beispiel

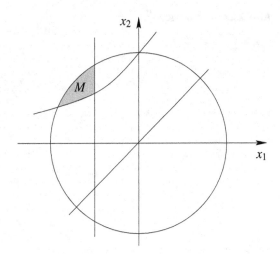

B darf eine sehr grobe Approximation von K sein, am einfachsten ist oft ein Quader (auch *Box* genannt; Abschn. 3.3). Auch ohne geometrische Anschauung der Menge K lässt sich solch eine Box oft formal konstruieren. Im begleitenden Beispiel kann man wie folgt vorgehen:

$$x \in K \;\; \Rightarrow \;\; 1 \geq x_1^2 + x_2^2 \geq x_1^2 \;\; \Rightarrow \;\; x_1 \in [-1, 1]$$

und analog $x_2 \in [-1, 1]$. Es folgt

$$K \subseteq B := [-1, 1]^2$$

und damit

$$M^0 \;=\; B \cap L \;=\; \left\{ x \in [-1, 1]^2 \mid x_1 \leq -\tfrac{1}{2}, \; x_2 \geq x_1 \right\}.$$

Abb. 2.23 zeigt die Menge M^0.

Das Hilfsproblem

$$LP^0 : \quad \min c^\mathsf{T} x \quad \text{s.t.} \quad x \in M^0$$

lässt sich zum Beispiel per Simplex-Algorithmus lösen. x^0 sei ein Minimalpunkt von LP^0. Wegen

$$c^\mathsf{T} x \;\geq\; c^\mathsf{T} x^0 \quad \forall\, x \in M^0$$

und $M \subseteq M^0$ folgt daraus

$$c^\mathsf{T} x \;\geq\; c^\mathsf{T} x^0 \quad \forall\, x \in M.$$

Abb. 2.23 Startmenge M^0

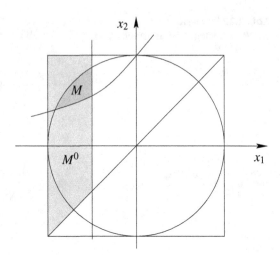

Falls also x^0 in M liegt, dann ist x^0 auch Optimalpunkt von P.

Im Beispiel erhält man

$$x^0 = \begin{pmatrix} -1 \\ -1 \end{pmatrix} \notin M,$$

also ist x^0 kein Optimalpunkt von P.

Im Fall $x^0 \notin M$ muss wegen $M^0 \subseteq L$ (mindestens) eine der Ungleichungen in K verletzt sein, d. h., es gilt $\max_{i \in I} g_i(x^0) > 0$. Wähle die (oder eine der) am meisten verletzten Ungleichungen, also ein $\ell \in I$ mit $g_\ell(x^0) = \max_{i \in I} g_i(x^0)$. Im Beispiel gilt $g_1(x^0) = 1$ und $g_2(x^0) = \frac{1}{e} + 1$, also $\ell = 2$.

Der *Schnitt,* dem Schnittebenenverfahren ihren Namen verdanken, lautet nun

$$M^1 = M^0 \cap \left\{ x \in \mathbb{R}^n \mid g_\ell(x^0) + \langle \nabla g_\ell(x^0), x - x^0 \rangle \leq 0 \right\}.$$

Die neue Menge M^1 besitzt drei wichtige Eigenschaften:

- Es gilt $x^0 \notin M^1$, denn $g_\ell(x^0) + \langle \nabla g_\ell(x^0), x^0 - x^0 \rangle = g_\ell(x^0) > 0$, d. h., der alte Optimalpunkt x^0 wird „weggeschnitten" und kann im Weiteren nicht noch einmal auftreten.
- Es gilt $M \subseteq M^1$, denn

$$\forall \, x \in M: \quad g_\ell(x^0) + \langle \nabla g_\ell(x^0), x - x^0 \rangle \overset{\text{Satz 2.2.3}}{\leq} g_\ell(x) \leq 0.$$

- M^1 ist wieder ein konvexes Polytop.

Abb. 2.24 Menge M^1

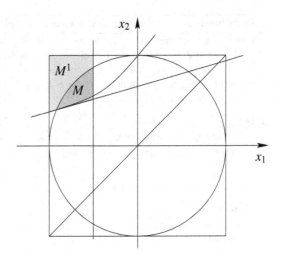

Im Beispiel erhält man die neue Ungleichung für M^1 wie folgt:

$$0 \geq g_2(x^0) + \langle \nabla g_2(x^0), x - x^0 \rangle = \tfrac{1}{e} + 1 + (\tfrac{1}{e}, -1)\begin{pmatrix} x_1 + 1 \\ x_2 + 1 \end{pmatrix}$$

$$= \tfrac{1}{e} + 1 + \tfrac{x_1}{e} + \tfrac{1}{e} - x_2 - 1 = \tfrac{x_1}{e} - x_2 + \tfrac{2}{e}.$$

In Abb. 2.24 ist die Menge M^1 dargestellt.

Löse nun

$$LP^1: \quad \min c^{\mathsf{T}} x \quad \text{s.t.} \quad x \in M^1$$

usw., bis der Optimalpunkt x^k eines Hilfsproblems LP^k in M liegt. Wegen der äußeren Approximation von M durch $M^k \supsetneq M$ für alle k kann man allerdings nicht erwarten, dass irgendeine Iterierte x^k tatsächlich in M liegt (denn die x^k liegen als Optimalpunkte gerne am Rand von M^k), so dass man das Abbruchkriterium zu $\max_{i \in I} g_i(x^k) \leq \varepsilon$ mit einer Toleranz $\varepsilon > 0$ relaxiert und bereits solche *ε-zulässigen Minimalpunkte* akzeptiert (s. dazu auch Abschn. 3.9). Das vollständige Verfahren ist in Algorithmus 2.1 angegeben.

Es ist klar, dass Algorithmus 2.1 eine Folge (x^k) erzeugt, die sich M von außen nähert. Damit das Verfahren für eine beliebige Toleranz $\varepsilon > 0$ nach endlich vielen Schritten abbricht, muss man aber noch ausschließen, dass die Folge (x^k) einen positiven Abstand zu M behält, in dem Sinne dass die Werte $\max_{i \in I} g_i(x^k)$ für $k \to \infty$ nicht jede positive Zahl unterschreiten.

2.8.1 Satz
Algorithmus 2.1 bricht nach endlich vielen Schritten ab.

Algorithmus 2.1: Schnittebenenverfahren von Kelley

Input :   Stetig differenzierbares konvex beschriebenes Minimierungsproblem P
mit Zielfunktion $c^\mathsf{T} x$ und nichtleerer, beschränkter zulässiger Menge
$M = K \cap L$, Abbruchtoleranz $\varepsilon > 0$

Output : ε-zulässiger Minimalpunkt $\bar{x}$ von P, d. h. $\bar{x}$ mit $\max_{i \in I} g_i(\bar{x}) \leq \varepsilon$ und $c^\mathsf{T}\bar{x} \leq c^\mathsf{T} x$
für alle $x \in M$

1 **begin**

2   Wähle ein konvexes Polyeder B mit $K \subseteq B$, so dass $M^0 := B \cap L$ konvexes Polytop ist.

3   Bestimme einen Minimalpunkt x^0 von

$$LP^0 : \quad \min c^\mathsf{T} x \quad \text{s.t.} \quad x \in M^0.$$

4   Setze $k = 0$.

5   **while** $\max_{i \in I} g_i(x^k) > \varepsilon$ **do**

6   Wähle ein $\ell \in I$ mit $g_\ell(x^k) = \max_{i \in I} g_i(x^k)$.

7   Setze

$$M^{k+1} = M^k \cap \left\{ x \in \mathbb{R}^n \mid g_\ell(x^k) + \langle \nabla g_\ell(x^k), x - x^k \rangle \leq 0 \right\}.$$

8   Ersetze k durch $k + 1$.

9   Bestimme einen Minimalpunkt x^k von

$$LP^k : \quad \min c^\mathsf{T} x \quad \text{s.t.} \quad x \in M^k.$$

10   **end**

11   Setze $\bar{x} = x^k$.

12 **end**

Beweis Angenommen, der Algorithmus bricht nicht ab. Dann ist das Abbruchkriterium in Zeile 5 für kein $k \in \mathbb{N}$ erfüllt, d. h., das Verfahren erzeugt eine unendliche Folge (x^k). Insbesondere wird in Zeile 6 unendlich oft ein $\ell_k \in I$ gewählt. Wegen $|I| < \infty$ tritt dabei mindestens ein Index $\ell \in I$ unendlich oft auf. Wir betrachten nun die Teilfolge der (x^k), die zu diesen Schnittebenen gehören, und nennen sie wieder (x^k).

Da die Folge (x^k) in der kompakten Menge $B \cap L$ liegt, besitzt sie eine konvergente Teilfolge. Wir gehen zu einer solchen weiteren Teilfolge über, nennen sie weiterhin (x^k) und bezeichnen ihren Grenzpunkt mit $x^\star$. Dann gilt $g_\ell(x^k) > \varepsilon$ für alle $k \in \mathbb{N}$ und daher nach dem Grenzübergang $g_\ell(x^\star) \geq \varepsilon$.

Wegen $x^{k+1} \in M^{k+1} \subseteq M^k$ (auch nach der Teilfolgenbildung) folgt andererseits

$$g_\ell(x^k) + \langle \nabla g_\ell(x^k), x^{k+1} - x^k \rangle \leq 0$$

und nach dem Grenzübergang $k \to \infty$

$$g_\ell(x^\star) + \underbrace{\langle \nabla g_\ell(x^\star), x^\star - x^\star \rangle}_{=0} \leq 0,$$

im Widerspruch zu $g_\ell(x^\star) \geq \varepsilon$. Also war die Annahme falsch, und der Algorithmus bricht ab.   □

2.8.5   Das Verfahren von Frank-Wolfe

Das folgende Verfahren basiert auf einer grundlegend anderen Idee als Schnittebenenverfahren: Es erzeugt eine Folge von *zulässigen* Iterierten (x^k), bis ein x^k eine *Optimalitätsbedingung* ε-genau erfüllt, während das Schnittebenenverfahren von Kelley eine Folge für Hilfsprobleme *optimaler* Iterierten (x^k) generiert, bis ein x^k ein *Zulässigkeitsmaß* ε-genau erfüllt.

Das Verfahren wird eine Konstruktion aus dem Beweis von Satz 2.8.2 benutzen. Sowohl in diesem Beweis als auch in der algorithmischen Umsetzung des Resultats werden wir die etwa in [34] per Satz von Taylor bewiesene Tatsache benutzen, dass für einen Punkt $\bar{x} \in \mathbb{R}^n$ und eine C^1-Funktion f jede Richtung $d \in \mathbb{R}^n$ mit $\langle \nabla f(x^0), d \rangle < 0$ *Abstiegsrichtung* (erster Ordnung) für f in $\bar{x}$ ist, d. h., für alle hinreichend kleinen $t > 0$ gilt $f(\bar{x} + td) < f(\bar{x})$.

2.8.2 Satz (Variationsformulierung konvexer Probleme)
Gegeben sei das Problem

$$P : \quad \min\ f(x) \quad \text{s.t.} \quad x \in M$$

mit nichtleerer und konvexer zulässiger Menge M sowie konvexer Zielfunktion $f \in C^1(M, \mathbb{R})$. Dann gelten die folgenden Aussagen:

a) *Ein Punkt $\bar{x} \in \mathbb{R}^n$ ist genau dann globaler Minimalpunkt von P, wenn $\bar{x}$ globaler Minimalpunkt von*

$$Q(\bar{x}) : \quad \min_{x}\ \langle \nabla f(\bar{x}), x - \bar{x} \rangle \quad \text{s.t.} \quad x \in M$$

   ist.

b) *Es sei $\bar{x} \in M$. Dann besitzt $Q(\bar{x})$ den Optimalwert $v(\bar{x}) \leq 0$, und $\bar{x}$ ist genau für $v(\bar{x}) = 0$ globaler Minimalpunkt von P.*

Beweis Zum Beweis von Aussage a sei zunächst $\bar{x}$ ein globaler Minimalpunkt von $Q(\bar{x})$. Dann gilt insbesondere $\bar{x} \in M$, so dass $\bar{x}$ auch zulässig für P ist. Ferner hat man für alle $x \in M$

$$f(x) \overset{\text{Satz 2.2.3}}{\geq} f(\bar{x}) + \langle \nabla f(\bar{x}), x - \bar{x} \rangle \geq f(\bar{x}) + \langle \nabla f(\bar{x}), \bar{x} - \bar{x} \rangle = f(\bar{x}),$$

also ist $\bar{x}$ globaler Minimalpunkt von P.

Andererseits sei $\bar{x}$ ein globaler Minimalpunkt von P. Insbesondere ist $\bar{x}$ dann zulässig für $Q(\bar{x})$. Wir nehmen nun an, $\bar{x}$ sei kein globaler Minimalpunkt von $Q(\bar{x})$. Wegen $M \neq \emptyset$ existiert dann ein $y \in M$ mit

$$\langle \nabla f(\bar{x}), y - \bar{x} \rangle < \langle \nabla f(\bar{x}), \bar{x} - \bar{x} \rangle = 0.$$

Die Richtung $d := y - \bar{x}$ ist demnach Abstiegsrichtung (erster Ordnung) für f in $\bar{x}$. Außerdem verlässt man von $\bar{x}$ aus entlang d für kleine $t > 0$ nicht die zulässige Menge M, denn wegen $\bar{x}, y \in M$ und der Konvexität von M folgt für alle Schrittweiten $t \in [0, 1]$

$$\bar{x} + td = (1 - t)\bar{x} + ty \in M.$$

Für jedes hinreichend kleine $t > 0$ ist der Punkt $\bar{x} + td$ also zulässig für P und besitzt einen strikt kleineren Zielfunktionswert als $\bar{x}$. Dies widerspricht der Voraussetzung, $\bar{x}$ sei Minimalpunkt von P.

Die erste Behauptung von Aussage b folgt sofort aus $\bar{x} \in M$. Ferner folgt aus Aussage a, dass jeder globale Minimalpunkt $\bar{x}$ von P auch globaler Minimalpunkt von $Q(\bar{x})$ ist, woraus $v(\bar{x}) = \langle \nabla f(\bar{x}), \bar{x} - \bar{x} \rangle = 0$ resultiert. Falls andererseits $\bar{x} \in M$ kein globaler Minimalpunkt von P ist, dann ist $\bar{x}$ nach Aussage a auch kein globaler Minimalpunkt von $Q(\bar{x})$; es gibt wegen $M \neq \emptyset$ also ein $y \in M$ mit $\langle \nabla f(\bar{x}), y - \bar{x} \rangle < \langle \nabla f(\bar{x}), \bar{x} - \bar{x} \rangle = 0$. Wegen der Zulässigkeit von $\bar{x}$ für $Q(\bar{x})$ muss dann $v(\bar{x}) < 0$ gelten.   □

Das Verfahren von Frank-Wolfe basiert auf der Lösung von Hilfsproblemen der Form $Q(\bar{x})$ aus Satz 2.8.2. Damit diese überhaupt lösbar sind, fordern wir im Folgenden, dass M nicht nur nichtleer und konvex, sondern auch kompakt ist. Ferner wird das Verfahren nur dann numerisch interessant sein, wenn sich die Probleme $Q(\bar{x})$ schnell lösen lassen (also nicht z. B. durch Anwendung des Schnittebenenverfahrens von Kelley für jedes Hilfsproblem). Dies wird auf weitere Voraussetzungen an M führen.

Der algorithmische Ansatz verläuft nun wie folgt: Wir wählen zunächst einen Startpunkt $x^0 \in M$ und bestimmen den Minimalwert v^0 von $Q^0 := Q(x^0)$. Falls $v^0 = 0$ gilt, terminiert das Verfahren, denn nach Satz 2.8.2b ist x^0 globaler Minimalpunkt von P.

Da nicht zu erwarten ist, dass man mit x^0 sofort einen globalen Minimalpunkt gefunden hat, ist die entscheidende Frage, wie man im Fall $v^0 < 0$ weiter vorgeht. Dazu sei zu v^0 auch ein Minimalpunkt y^0 von Q^0 bestimmt. Wie im Beweis zu Satz 2.8.2a ist die Suchrichtung $d^0 := y^0 - x^0$ dann eine zulässige Abstiegsrichtung für f in x^0; einen zulässigen Punkt mit kleinerem Zielfunktionswert findet man also auf jeden Fall in der Form $x^0 + td^0$ mit einem passenden (d. h. nicht zu großen) $t \in [0, 1]$.

Zur *Schrittweitensteuerung* (also zur Wahl der Schrittweite t) geht man folgendermaßen vor: Wähle t^0 als Minimalpunkt von $f(x^0 + td^0)$ auf $[0, 1]$, d. h., löse das eindimensionale

Problem

$$S(x^0, d^0) : \quad \min_t \ f(x^0 + td^0) \quad \text{s.t.} \quad 0 \le t \le 1.$$

Auch $S(x^0, d^0)$ muss zur numerischen Umsetzung schnell lösbar sein, oder man gibt sich mit einer Approximation an t^0 zufrieden. Immerhin besitzt $S(x^0, d^0)$ eine konvexe Zielfunktion und eine sehr einfache zulässige Menge.

Setze nun als neue Iterierte $x^1 := x^0 + t^0 d^0$ und löse Q^1 usw. Abb. 2.25 zeigt die ersten zwei Iterationen des Verfahrens an einem Beispiel. Das Abbruchkriterium muss wieder relaxiert werden, da man nicht erwarten kann, dass nach endlich vielen Schritten $v^k = 0$ gilt. Stattdessen brechen wir mit einer vorgegebenen Toleranz $\varepsilon > 0$ bereits für $v^k \ge -\varepsilon$ ab. Daraus folgt mit Satz 2.2.3 für die zugehörige Iterierte x^k und alle $x \in M$

$$f(x) \ \ge \ f(x^k) + \langle \nabla f(x^k), x - x^k \rangle \ \ge \ f(x^k) + v^k \ \ge \ f(x^k) - \varepsilon$$

und damit $v \le f(x^k) \le v + \varepsilon$. Ein solcher Punkt $x^k \in M$ heißt ε-*minimaler zulässiger Punkt*. Das vollständige Verfahren ist in Algorithmus 2.2 angegeben.

Um es numerisch sinnvoll einsetzen zu können, müssen die Hilfsprobleme Q^k und $S(x^k, d^k)$ schnell lösbar sein. Für Q^k sind dazu beispielsweise folgende Voraussetzungen geeignet:

- Falls M ein konvexes Polytop ist, dann ist Q^k ein lineares Optimierungsproblem und damit etwa per Simplex-Algorithmus lösbar.
- Falls M eine Kugel ist, dann lässt sich y^k sogar in geschlossener Form berechnen.

Für $S(x^k, d^k)$ gilt:

- Falls f konvex-quadratisch ist, dann ist t^k in geschlossener Form berechenbar (Übung 2.8.3).

Daher wurde Algorithmus 2.2 im Jahre 1956 für konvex-quadratische Zielfunktionen mit linearen Nebenbedingungen formuliert [10].

Abb. 2.25 Beispiel für das Verfahren von Frank-Wolfe

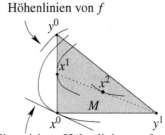

Höhenlinien von f

linearisierte Höhenlinie von f

Algorithmus 2.2: Verfahren von Frank-Wolfe

Input : Konvexes Minimierungsproblem P mit stetig differenzierbarer Zielfunktion
und nichtleerer, kompakter zulässiger Menge M, Startpunkt $x^0 \in M$,
Abbruchtoleranz $\varepsilon > 0$

Output : ε-minimaler zulässiger Punkt $\bar{x}$ von P, d.h. $\bar{x} \in M$ mit $v \leq f(\bar{x}) \leq v + \varepsilon$
(falls das Verfahren terminiert; Satz 2.8.4)

1 **begin**
2   Setze $k = 0$.
3   Bestimme einen Minimalpunkt y^0 und den Minimalwert v^0 von

$$Q^0: \quad \min_x \langle \nabla f(x^0), x - x^0 \rangle \quad \text{s.t.} \quad x \in M.$$

4   **while** $v^k < -\varepsilon$ **do**
5   Setze $d^k = y^k - x^k$.
6   Wähle t^k als Minimalpunkt von

$$S(x^k, d^k): \quad \min_t f(x^k + t d^k) \quad \text{s.t.} \quad 0 \leq t \leq 1.$$

7   Setze $x^{k+1} = x^k + t^k d^k$.
8   Ersetze k durch $k + 1$.
9   Bestimme einen Minimalpunkt y^k und den Minimalwert v^k von

$$Q^k: \quad \min_x \langle \nabla f(x^k), x - x^k \rangle \quad \text{s.t.} \quad x \in M.$$

10   **end**
11   Setze $\bar{x} = x^k$.
12 **end**

2.8.3 Übung Mit $A = A^\mathsf{T} \succ 0$ und $b \in \mathbb{R}^n$ sei $f(x) = \frac{1}{2} x^\mathsf{T} A x + b^\mathsf{T} x$. Geben Sie einen geschlossenen Ausdruck für den eindeutigen Minimalpunkt t^k von $S(x^k, d^k)$ an.

Der Beweis des folgenden Satzes basiert auf Techniken der nichtlinearen Optimierung [34] und wird daher hier nur in groben Zügen angegeben. Den in den Voraussetzungen benutzten Begriff der Lipschitz-Stetigkeit behandelt Abschn. 3.9.1 ausführlich.

2.8.4 Satz

Der Gradient ∇f sei Lipschitz-stetig auf der nichtleeren, konvexen und kompakten Menge M. Dann bricht Algorithmus 2.2 nach endlich vielen Schritten ab.

Beweisskizze. Angenommen, der Algorithmus bricht nicht ab. Dann gilt $v^k < -\varepsilon$ für alle $k \in \mathbb{N}$, und es werden unendliche Folgen (x^k), (y^k) und (t^k) erzeugt. Da die Folgen (x^k) und (y^k) in der kompakten Menge M enthalten sind, dürfen wir sie ohne Beschränkung der Allgemeinheit (d. h. nach eventuellem Übergang zu jeweils einer Teilfolge) als konvergent annehmen.

Durch die Schrittweitenwahl in Zeile 6 ist (t^k) *effiziente* Schrittweitenfolge [34], d. h.

$$\exists c > 0 \ \forall k \in \mathbb{N}: \quad f(x^k + t^k d^k) - f(x^k) \leq -c \left(\frac{\langle \nabla f(x^k), d^k \rangle}{\|d^k\|_2} \right)^2$$

(dies ist langwierig zu zeigen, und hier ist die Lipschitz-Stetigkeit von ∇f erforderlich). Es folgt

$$\underbrace{f(x^{k+1}) - f(x^k)}_{<0, \ \to 0} \leq -c \left(\frac{\langle \nabla f(x^k), d^k \rangle}{\|d^k\|_2} \right)^2 \leq 0$$

und daher per Sandwich-Theorem

$$\frac{\langle \nabla f(x^k), d^k \rangle}{\|d^k\|_2} \overset{k \to \infty}{\to} 0.$$

Der Zähler dieses Bruchs kann wegen

$$\langle \nabla f(x^k), d^k \rangle = \langle \nabla f(x^k), y^k - x^k \rangle = v^k < -\varepsilon$$

nicht gegen null konvergieren, so dass sein Nenner gegen unendlich gehen muss:

$$\|d^k\| \to \infty.$$

Dies ist jedoch ein Widerspruch, da x^k und y^k aus der beschränkten Menge M stammen und damit auch die Folge der $d^k = y^k - x^k$ beschränkt ist. $\qquad \square$

Da im Beweis zu Satz 2.8.4 nur die Effizienz der Schrittweitenfolge (t^k) benutzt wird und nicht die Tatsache, dass die t^k exakte globale Minimalpunkte von $S(x^k, d^k)$ sind, gilt die Konvergenzaussage aus Satz 2.8.4 auch noch, wenn $S(x^k, d^k)$ nur inexakt (z. B. per Armijo-Regel) gelöst wird [34].

2.8.6 Grundidee von primal-dualen Innere-Punkte-Methoden

Die primal-dualen Innere-Punkte-Methoden basieren auf einem rein primalen Verfahren, nämlich dem *Barriereverfahren* (s. auch [34]). Dessen Grundidee ist die Approximation von P durch unrestringierte Probleme, wobei am Rand bd M von M eine „Barriere" errichtet wird, die die Zulässigkeit erzwingt. Gegeben sei dazu das konvex beschriebene C^1-Problem

$$P : \quad \min\ f(x) \quad \text{s.t.} \quad g_i(x) \le 0,\ i \in I,$$

mit beschränkter zulässiger Menge M sowie

$$M_< := \left\{ x \in \mathbb{R}^n \mid g_i(x) < 0,\ i \in I \right\} \ne \emptyset$$

(d.h., M besitzt Slater-Punkte). Die Anwesenheit von Gleichungsrestriktionen (d.h. $J \ne \emptyset$) kann auch betrachtet werden, wird es hier der Übersichtlichkeit halber aber nicht.

Die Bestrafung von Punkten in der Nähe von bd M wird durch eine *Barrierefunktion* umgesetzt, d.h. einer auf $M_<$ definierten Funktion β, die für alle $(x^k) \subseteq M_<$ mit $\lim_k x^k = x^\star \in$ bd $M_<$ die Bedingung $\lim_k \beta(x^k) = +\infty$ erfüllt. Wegen der Beschränktheit von M bedeutet dies gerade, dass wir β als koerziv auf $M_<$ im Sinne von Definition 1.2.40 voraussetzen. Das restringierte Problem P wird dann durch die unrestringierten Barriereprobleme

$$\min_x\ B(t,\ x)$$

mit der Zielfunktion

$$B(t,\ x) := f(x) + t\beta(x)$$

und *Barriereparametern* $t > 0$ approximiert. Die Strategie des Barriereverfahrens besteht darin, die Nähe zum Rand von M sukzessive weniger zu bestrafen, d.h. den Barriereparameter t gegen null streben zu lassen, und dabei Minimalpunkte von $B(t,\ x)$ zu verfolgen.

So ist beispielsweise für das Problem

$$\min -x \quad \text{s.t.} \quad x \le 0$$

$\beta(x) = -\log(-x)$ die in Abb. 2.26 skizzierte Barrierefunktion, und das Verhalten der Funktionen $B(t,\ x) = -x - t\log(-x)$ für $t \searrow 0$ wird in Abb. 2.27 illustriert.

Für allgemeine zulässige Mengen M von P ist

$$\beta(x) = -\sum_{i \in I} \log(-g_i(x))$$

Abb. 2.26 Logarithmische
Barrierefunktion β

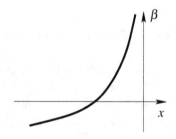

Abb. 2.27 Funktionen $B(t, x)$
mit $t \searrow 0$

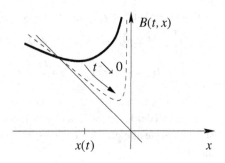

eine Barrierefunktion, und es sind die Barriereprobleme mit Zielfunktion

$$B(t, x) := f(x) - t \sum_{i \in I} \log(-g_i(x))$$

für $t \searrow 0$ zu lösen. Unter unseren Voraussetzungen gilt das folgende Resultat.

2.8.5 Satz
Für alle $t > 0$ ist die Funktion $B(t, \cdot)$ konvex und besitzt einen Minimalpunkt auf ihrem Definitionsbereich $M_<$. Falls mindestens eine der Funktionen f, g_i, $i \in I$, strikt konvex auf $\mathbb{R}^n$ ist oder falls alle Funktionen g_i, $i \in I$, linear sind, so ist der Minimalpunkt eindeutig.

Beweis Wir betrachten ein festes $t > 0$. Mit $\gamma(x) := -\log(-x)$ folgen die Konvexität der Funktionen $\gamma(g_i)$, $i \in I$, und damit die Konvexität von $B(t, \cdot) = f + t \sum_{i \in I} \gamma(g_i)$ aus der Konvexität und Monotonie von γ auf der Menge der negativen Zahlen. Die Beschränktheit von M impliziert Koerzivität von $B(t, \cdot)$ auf $M_<$, so dass die Existenz eines Minimalpunkts durch Korollar 1.2.43 garantiert ist. Seine Eindeutigkeit folgt mit Satz 2.3.3b, falls wir sogar die *strikte* Konvexität der Funktion $B(t, \cdot)$ zeigen können.

Da die Funktionen f und $\gamma(g_i)$, $i \in I$, konvex sind, genügt dafür beispielsweise die strikte Konvexität einer dieser Funktionen. Dabei folgt wegen der strengen Monotonie von γ aus der strikten Konvexität einer Funktion g_i auch die strikte Konvexität von $\gamma(g_i)$, so dass die erste hinreichende Bedingung für strikte Konvexität von $B(t, \cdot)$ gezeigt ist.

Um die Gültigkeit der zweiten hinreichenden Bedingung zu sehen, zeigen wir die strikte Konvexität der Barrierefunktion $\beta(x) = \sum_{i \in I} \gamma(a_i^\mathsf{T} x - b_i)$ für lineare Funktionen $g_i(x) = a_i^\mathsf{T} x - b_i$, $i \in I$. Angenommen, β sei auf $M_<$ nicht strikt konvex. Dann existieren $x, y \in M_<$ mit $x \neq y$ und $\lambda \in (0, 1)$ mit

$$0 = (1 - \lambda)\beta(x) + \lambda\beta(y) - \beta((1 - \lambda)x + \lambda y)$$

$$= \sum_{i \in I} ((1 - \lambda)\gamma(g_i(x)) + \lambda\gamma(g_i(y)) - \gamma(g_i((1 - \lambda)x + \lambda y)))$$

$$= \sum_{i \in I} \left((1 - \lambda)\gamma(a_i^\mathsf{T} x - b_i) + \lambda\gamma(a_i^\mathsf{T} y - b_i)) - \gamma((1 - \lambda)(a_i^\mathsf{T} x - b_i) + \lambda(a_i^\mathsf{T} y - b_i)) \right).$$

Da aufgrund der Konvexität der Funktionen $\gamma(g_i)$, $i \in I$, jeder der Summanden nichtnegativ ist, müssen sie alle gleichzeitig verschwinden. Wegen der strikten Konvexität von γ ist dies nur für

$$0 = (a_i^\mathsf{T} x - b_i) - (a_i^\mathsf{T} y - b_i) = a_i^\mathsf{T}(x - y), \ i \in I,$$

möglich. Beim Vektor $x - y \neq 0$ handelt es sich daher um eine Rezessionsrichtung der Menge M [32], d. h., von jedem $z \in M$ aus führen Schritte beliebiger Länge $s > 0$ in Richtung $x - y$ nicht aus M hinaus: Für alle $i \in I$ und $s > 0$ gilt

$$a_i^\mathsf{T}(z + s(x - y)) - b_i = a_i^\mathsf{T} z - b_i + s\,a_i^\mathsf{T}(x - y) = a_i^\mathsf{T} z - b_i \leq 0.$$

Dies widerspricht der vorausgesetzten Beschränktheit von M.   □

Unter einer der Voraussetzungen von Satz 2.8.5 bezeichne $x(t)$ zu $t > 0$ den eindeutigen Minimalpunkt von $B(t, \cdot)$. Die Menge

$$C_P = \{x(t)\,|\, t \in (0, +\infty)\}$$

heißt *primaler zentraler Pfad* von P. Abb. 2.28 illustriert primale zentrale Pfade für zwei lineare Optimierungsprobleme.

Unter schwachen Voraussetzungen ist $x^\star = \lim_{t \to 0} x(t)$ ein globaler Minimalpunkt von P [34]. Ein Hindernis zur praktischen numerischen Umsetzung dieses Ansatzes besteht darin, dass die Funktion $B(t, \cdot)$ für $t \searrow 0$ in der Nähe von bd M stark gekrümmt, „numerisch geknickt" und damit schwer minimierbar ist. Dies äußert sich nicht nur in unbeschränkten Eigenwerten der Hesse-Matrix von $B(t, \cdot)$ für $t \searrow 0$, sondern spiegelt sich auch im Optimalitätskriterium erster Ordnung wider: Der Optimalpunkt $x(t)$ ist die eindeutige Lösung

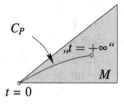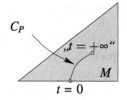

$$\min x_1 \ \text{s.t.} \ \ x \in M \qquad\qquad \min x_2 \ \text{s.t.} \ \ x \in M$$

Abb. 2.28 Primale zentrale Pfade

von

$$
\begin{aligned}
0 = \nabla_x B(t, x) &= \nabla_x \left(f(x) - t \sum_{i \in I} \log(-g_i(x)) \right) \\
&= \nabla f(x) - t \sum_{i \in I} \frac{1}{-g_i(x)} (-\nabla g_i(x)) \\
&= \nabla f(x) + \sum_{i \in I} \left(-\frac{t}{g_i(x)} \right) \nabla g_i(x).
\end{aligned}
$$

Für $x(t) \to x^\star \in \operatorname{bd} M$ gibt es mindestens ein $i \in I$ mit $g_i(x(t)) \to 0$, also ist der Grenzübergang $\lim_{t \to 0}(-t)/g_i(x(t))$ „vom Typ 0/0", und man muss damit rechnen, dass die Optimalitätsbedingung für t nahe null numerisch instabil ist.

Als Ausweg macht man sich die Ähnlichkeit der obigen Optimalitätsbedingung zu den KKT-Bedingungen zu Nutze und setzt für alle $t > 0$

$$
\lambda_i(t) := -\frac{t}{g_i(x(t))}, \quad i \in I.
$$

Wegen $x(t) \in M_<$ gilt $g_i(x(t)) < 0$ für alle $i \in I$, und wegen $t > 0$ folgt daraus $\lambda_i(t) > 0$. Also ist $x(t)$ genau dann Minimalpunkt von $B(t, \cdot)$, wenn ein $\lambda(t)$ existiert, so dass $(x(t), \lambda(t))$ das folgende System von Gleichungen und Ungleichungen löst:

$$
\nabla f(x) + \sum_{i \in I} \lambda_i \nabla g_i(x) = 0,
$$

$$
\lambda_i g_i(x) = -t,
$$

$$
\lambda_i > 0,
$$

$$
g_i(x) < 0, \quad i \in I.
$$

Dies ist aber gerade das KKT-System von P mit durch den Ausdruck $-t$ gestörter Komplementaritätsbedingung und strikten statt nichtstrikten Ungleichungen. Die Lösung $(x(t), \lambda(t))$ ist für alle $t > 0$ eindeutig, $x(t)$ ist „primal innerer Punkt", und $\lambda(t)$ ist „dual innerer Punkt". Die Menge

$$
C_{PD} = \{(x(t), \lambda(t)) \mid t \in (0, +\infty)\}
$$

heißt *primal-dualer zentraler Pfad* von P.

Für $t \searrow 0$ geht das gestörte in das ungestörte KKT-System über, d. h., bei Konvergenz $\lim_{t \searrow 0}(x(t), \lambda(t)) = (x^\star, \lambda^\star)$ ist $x^\star$ KKT-Punkt von P mit Multiplikator $\lambda^\star$ und damit globaler Minimalpunkt. Entscheidender Vorteil dieser Sichtweise gegenüber dem Barriere-verfahren ist, dass nun für $t \searrow 0$ keine numerischen Probleme auftreten.

Geschickte Implementierungen von primal-dualen Innere-Punkte-Methoden lösen die Hilfsprobleme für große t nur grob, werden aber für $t \searrow 0$ immer exakter. Außerdem bestimmen die Verfahren selbst adaptiv die Anpassung von t. Dies kann sogar so geschehen, dass der Rechenaufwand zur Identifizierung eines ε-minimalen zulässigen Punkts schlimmstenfalls polynomial in der Problemdimension anwächst. Da dies insbesondere für lineare Optimierungsprobleme gilt, sind Innere-Punkte-Methoden in dieser Hinsicht dem Simplex-Algorithmus überlegen, für den Beispiele mit exponentiellem Rechenaufwand bekannt sind. Bei hochdimensionalen Problemen lässt sich diese Überlegenheit auch praktisch beobachten, so dass moderne Softwarepakete solche Probleme nicht per Simplex-Algorithmus lösen, sondern mit primal-dualen Innere-Punkte-Methoden. Dies ist insofern erstaunlich, als dann im Gegensatz zum Simplex-Algorithmus die Linearität des Optimierungsproblems überhaupt nicht ausgenutzt wird, sondern lediglich seine Konvexität. Einzelheiten zur Ausgestaltung und Konvergenzeigenschaften von primal-dualen Innere-Punkte-Methoden finden sich beispielsweise in [11, 22, 29].

Aufmerksamkeit beim Einsatz primal-dualer Innerer-Punkte-Methoden zur Lösung linearer Optimierungsprobleme ist dann erforderlich, wenn die Optimalpunktmenge nicht eindeutig ist. Im Gegensatz zum Simplex-Algorithmus wird dann nämlich nicht eine Ecke der Optimalpunktmenge identifiziert, sondern ihr analytisches Zentrum, also ein Punkt im Inneren der optimalen Facette (vgl. die Minimierung von x_2 in Abb. 2.28). Löst man beispielsweise für lineare Probleme mit total unimodularer Systemmatrix und ganzzahligen rechten Seiten (etwa Transportprobleme) lediglich die kontinuierliche Relaxierung und möchte ausnutzen, dass dann jede Ecke der zulässigen Menge automatisch rein ganzzahlig ist, liefert nur der Simplex-Algorithmus einen ganzzahligen optimalen Punkt, primal-duale Innere-Punkte-Methoden aber *nicht* notwendigerweise. Ein Beispiel für diese Situation ist in [28] angegeben.

Während sich wie oben erwähnt viele Ergebnisse der glatten konvexen Optimierung mit Hilfe von Subdifferentialen auf den nichtglatten Fall verallgemeinern lassen, gilt dies für die Effizienz primal-dualer Innere-Punkte-Methoden nur sehr eingeschränkt. Exemplarisch diskutieren wir dies kurz für zwei Klassen konvexer Optimierungsprobleme, bei denen die zulässige Menge nicht durch konvexe C^1-Funktionen beschrieben ist.

Im Folgenden schreiben wir für zwei symmetrische (m, m)-Matrizen A und B die „Ungleichung" $A \preceq B$, falls $B - A \succeq 0$ gilt (falls also die Matrix $B - A$ positiv semidefinit ist).

2.8.6 Definition (Spektraeder)

Gegeben seien symmetrische (m, m)-Matrizen $A_1, \ldots, A_n$ und B. Dann heißt die Menge

$$\left\{ x \in \mathbb{R}^n \;\middle|\; \sum_{i=1}^{n} x_i A_i \preceq B \right\}$$

Spektraeder.

2.8.7 Übung Zeigen Sie, dass Spektraeder konvexe Mengen sind.

2.8.8 Übung Zeigen Sie, dass man jedes konvexe Polyeder als Spektraeder schreiben kann.

Für einen Vektor $c \in \mathbb{R}^n$ und symmetrische (m,m)-Matrizen $A_1, \ldots, A_n$ und B heißt das Problem

$$SDP: \quad \min_x c^{\mathsf{T}} x \quad \text{s.t.} \quad \sum_{i=1}^{n} x_i A_i \preceq B$$

semidefinites Optimierungsproblem. Wegen Übung 2.8.7 handelt es sich um ein konvexes Optimierungsproblem, und wegen Übung 2.8.8 umfasst die semidefinite Optimierung die lineare Optimierung. Zu den zahlreichen Anwendungen semidefiniter Optimierungsprobleme, unter anderem aus Strukturoptimierung, Kontrolltheorie und multiquadratischer Optimierung, verweisen wir auf [37]. Nesterov und Nemirovski konnten 1988 in [26] zeigen, dass sich die polynomiale Komplexität primal-dualer Innere-Punkte-Methoden auf einige Klassen nichtglatter konvexer Optimierungsprobleme übertragen lässt, darunter die semidefinite Optimierung.

Nicht der Fall ist dies hingegen für eine zweite Klasse nichtglatter konvexer Optimierungsprobleme, die durch die folgende vermeintlich einfache Modifikation der Definition von positiver Semidefinitheit einer Matrix entsteht: Eine symmetrische (m,m)-Matrix A heißt *kopositiv,* wenn

$$\forall d \geq 0: \quad d^{\mathsf{T}} A d \geq 0$$

gilt. Zwar sind offensichtlich alle positiv semidefiniten Matrizen auch kopositiv, aber es lassen sich leicht kopositive Matrizen konstruieren, die nicht positiv semidefinit sind. Analog zu Spektraedern kann man wieder zeigen, dass für symmetrische (m,m)-Matrizen $A_1, \ldots,$ A_n und B die Menge der $x \in \mathbb{R}^n$ mit kopositiver Matrix $B - \sum_{i=1}^{n} x_i A_i$ konvex ist. Daher handelt es sich für einen Vektor $c \in \mathbb{R}^n$ und symmetrische (m,m)-Matrizen $A_1, \ldots, A_n, B$ auch beim *kopositiven Optimierungsproblem*

$$CP: \quad \min_x c^{\mathsf{T}} x \quad \text{s.t.} \quad B - \sum_{i=1}^{n} x_i A_i \text{ kopositiv}$$

um ein konvexes Optimierungsproblem. Überraschenderweise lassen sich unter anderem einige NP-schwere Probleme der Graphentheorie als CPs formulieren (für einen Überblick s. z.B. [7]), so dass die Existenz polynomialer Algorithmen für die Klasse CP nicht zu erwarten ist.

Als Beispiel sei die Bestimmung der *Stabilitätszahl* $\alpha(G)$ eines ungerichteten Graphen G genannt. Sie bezeichnet die Größe der maximalen stabilen Menge in G, also der größten Teilmenge der Ecken von G, so dass je zwei Ecken nicht adjazent sind. Die Bestimmung von $\alpha(G)$ ist zum einen NP-schwer, und zum anderen lässt $\alpha(G)$ sich als Optimalwert des kopositiven Problems

$$\min \lambda \quad \text{s.t.} \quad \lambda(E + A_G) - ee^\mathsf{T} \quad \text{kopositiv}$$

schreiben, wobei A_G die Adjazenzmatrix von G bezeichnet, E die Einheitsmatrix und e den Vektor $(1, \dots, 1)^\mathsf{T}$.

Dies zeigt, dass konvexe Optimierungsprobleme existieren, die nicht effizient lösbar sind. Wenn man also davon spricht, die konvexe Optimierung sei „leicht", muss man spezifizieren, um welche konvexen Probleme es sich handelt, etwa um solche mit glatten beschreibenden Funktionen.

Von den in Abschn. 2.8 behandelten speziell auf Konvexität zugeschnittenen Verfahren sind vor allem die primal-dualen Innere-Punkte-Methoden in der modernen glatten konvexen Optimierung von praktischer Relevanz. Lösungsverfahren für allgemeine nichtlineare Optimierungsprobleme [34] sind heute so weit entwickelt, dass sie dem Schnittebenenverfahren von Kelley und dem Verfahren von Frank-Wolfe meist auch für konvexe Probleme überlegen sind. Es ist dennoch sinnvoll, diese Verfahren zu kennen, denn ihre Grundgedanken tauchen in angepasster Form zum Beispiel in der (gemischt-)ganzzahligen nichtlinearen Optimierung [32] und bei der globalen Minimierung nichtkonvexer Funktionen wieder auf, dem Inhalt des nächsten Kapitels.

Als beliebter Modellierungsansatz für konvexe Optimierungsprobleme sei abschließend das in [12] eingeführte *Disciplined Convex Programming* erwähnt, dessen algorithmische Umsetzung als CVX bekannt ist.

Nichtkonvexe Optimierungsprobleme 3

Inhaltsverzeichnis

In der Praxis sind Optimierungsprobleme häufig nicht konvex. Einfache Beispiele sind das Projektionsproblem (Beispiel 1.1.1) mit nichtkonvexer Menge M, das Problem der Clusteranalyse (Beispiel 1.1.8) sowie die Beispiele in Abschn. 3.1. Die gängigen Verfahren, um für solche Probleme globale Optimalpunkte und -werte zu identifizieren, basieren auf Branch-and-Bound-Ideen. Das vorliegende Kapitel präsentiert als exemplarisches Branch-and-Bound-Verfahren das αBB-Verfahren [1, 2]. Zentrale Elemente jedes Branch-and-Bound-Verfahrens sind eine intelligente Zerlegung der zulässigen Menge sowie die Berechnung guter Unterschranken an die Zielfunktion auf den entstehenden Teilmengen. Eine Möglichkeit zur effizienten Berechnung von Unterschranken basiert auf der in Abschn. 3.2

O. Stein, *Grundzüge der Globalen Optimierung*,
https://doi.org/10.1007/978-3-662-62534-7_3

erklärten konvexen Relaxierung nichtkonvexer Mengen und Funktionen (zu anderen Möglichkeiten wie der Ausnutzung von Dualitätsaussagen s. z. B. [6]).

Die automatisierte konvexe Relaxierung per αBB-Methode aus Abschn. 3.4 basiert
wesentlich auf der numerischen Technik der Intervallarithmetik, die Abschn. 3.3 daher
zunächst in einiger Ausführlichkeit vorstellt. In Abschn. 3.5 verfolgen wir eine einfache
gleichmäßige Unterteilungsstrategie für die zulässige Menge, die sich jedoch als ineffizi-
ent erweist. Dies motiviert den Einsatz von Branch-and-Bound-Techniken in Abschn. 3.6,
und zwar in einem ersten Schritt nur für den einfachsten Fall von Problemen mit boxförmiger zulässiger Menge. In einem weiteren Schritt diskutiert Abschn. 3.7 die notwendigen
Modifikationen für den Fall konvexer zulässiger Mengen, bevor Abschn. 3.8 ein Branch-
and-Bound-Verfahren für allgemeine nichtkonvexe Probleme beschreibt. Der abschließende
Abschn. 3.9 thematisiert kurz einige Möglichkeiten, in Branch-and-Bound-Verfahren neben
der Konvexität der definierenden Funktionen zusätzlich oder alternativ ihre Lipschitz-
Stetigkeit auszunutzen.

3.1   Beispiele und ein konzeptioneller Algorithmus

Nach zwei einfachen Beispielen für nichtkonvexe Optimierungsprobleme, die sogar mit
Hilfe konvexer Funktionen gestellt sind, formuliert dieser Abschnitt einen ersten Algorithmus zur globalen Lösung nichtkonvexer Probleme, der sich allerdings als wenig praxistaug-
lich erweisen wird.

3.1.1 Beispiel (Identifikation redundanter Ungleichungen)

Die Menge $M = \{x \in \mathbb{R}^n \mid g_i(x) \leq 0, \ i \in I\}$ sei nichtleer und durch konvexe Funktionen
$g_i, i \in I$, beschrieben. Eine Restriktion $g_k(x) \leq 0$ ist sicherlich dann *redundant* (d. h.,

Abb. 3.1 Identifikation von
Redundanz als globales
Optimierungsproblem

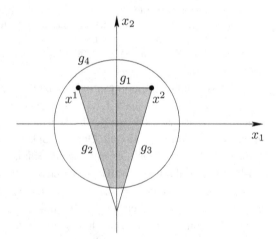

die Geometrie von M ändert sich nicht, wenn man die Bedingung $g_k(x) \le 0$ ignoriert), falls der Maximalwert v von

$$R_k : \quad \max_x \; g_k(x) \quad \text{s.t.} \quad x \in M$$

negativ ist. Wegen der *Maxi*mierung der konvexen Zielfunktion g_k ist R_k *kein* konvexes Optimierungsproblem (es sei denn, dass g_k sogar linear ist).

In Abb. 3.1 ist die Menge M durch drei lineare Ungleichungen sowie

$$g_4(x) \; = \; x_1^2 + x_2^2 - 1 \; \le \; 0$$

beschrieben. Offenbar vergrößert man M durch Streichen der Restriktion $g_4(x) \le 0$, d. h., g_4 ist nicht redundant.

Die Punkte x^1 und x^2 sind lokale Maximalpunkte von R_4 mit $g_4(x^1) < 0$ und $g_4(x^2) < 0$. Falls man mit lokalen Suchverfahren nur x^1 und x^2 findet, aber nicht die Randpunkte x von M, an denen g_4 aktiv ist, so schließt man fälschlich $v < 0$, also Redundanz der Restriktion $g_4(x) \le 0$. ◄

3.1.2 Beispiel (Verifizierung von Konvexität)

Es seien $a, b \in \mathbb{R}$, $a < b$, $X = [a, b]$ und $f \in C^2(X, \mathbb{R})$ gegeben. Laut Satz 2.5.3 ist f genau dann konvex auf der (volldimensionalen) Menge X, wenn $f''(x) \ge 0$ für alle $x \in X$ gilt. Zur Überprüfung dieses Kriteriums kann man versuchen, den Minimalwert v von

$$K : \quad \min_x \; f''(x) \quad \text{s.t.} \quad x \in X$$

zu berechnen und ihn auf $v \ge 0$ zu testen. Allerdings ist das Optimierungsproblem K nicht konvex, denn selbst für konvexes f braucht f'' nicht konvex zu sein.

In Abb. 3.2 sind die Funktion $f(x) = x^6 - (3/4)x^5 - 5x^4 + (15/2)x^3 + 15x^2$ und ihre zweite Ableitung auf dem Intervall $[-1.5, 1.5]$ dargestellt. Dass die Funktion f auf diesem Intervall nicht konvex ist, kann man beispielsweise an den negativen Werten ihrer zweiten Ableitung ablesen. Falls man mit einem lokalen Suchverfahren anstelle des globalen Minimalpunkts $x^1 = -1$ nur den lokalen Minimalpunkt $x^2 = 1$ des zugehörigen Problems K findet, schließt man wegen $f''(x^2) > 0$ aber fälschlich auf $v \ge 0$, also auf Konvexität von f. ◄

Während im Projektionsproblem und in der Clusteranalyse eventuell auch gute lokale Lösungen akzeptabel sind, ist man in den Entscheidungsproblemen aus Beispiel 3.1.1 (g_k redundant oder nicht) und 3.1.2 (f konvex auf X oder nicht) tatsächlich auf die Bestimmung des globalen Minimalwerts angewiesen. Allerdings benötigt man auch im ersten Fall ein Maß dafür, was man unter einer „guten lokalen Lösung" verstehen möchte.

Abb. 3.2 Verifizierung von
Konvexität als globales
Optimierungsproblem

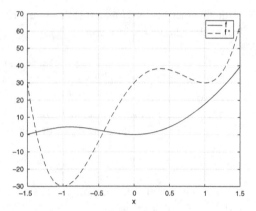

Wir werden sehen, dass beide Aufgaben sich in vielen Fällen mit gewissem Aufwand lösen lassen. Dazu werden wir im Folgenden restringierte C^1-Optimierungsprobleme betrachten, also Probleme der Form

$$P: \quad \min \ f(x) \quad \text{s.t.} \quad g_i(x) \le 0, \ i \in I, \ h_j(x) = 0, \ j \in J,$$

mit stetig differenzierbaren Funktionen $f, g_i, i \in I, h_j, j \in J$, die nicht notwendigerweise konvex sind. Häufig werden wir außerdem die Lösbarkeit von P voraussetzen, was etwa per Satz von Weierstraß oder seinen Variationen aus Abschn. 1.2 zu überprüfen ist.

Zunächst sind wir durch Satz 2.7.24 in der Lage, den konzeptionellen Algorithmus 3.1 zur restringierten nichtlinearen globalen Minimierung anzugeben. Er benutzt folgende äquivalente Umformulierung der Aussage von Satz 2.7.24: An jedem lokalen Minimalpunkt $\bar{x}$ von P können die zwei Fälle auftreten, dass

- entweder die MFB verletzt ist
- oder die MFB erfüllt und gleichzeitig $\bar{x}$ KKT-Punkt ist.

Die Verletzung der MFB tritt nur in Ausnahmefällen auf und wird daher auch als *degenerierter* Fall bezeichnet, was die Bezeichnung *DEG* in Algorithmus 3.1 erklärt. Die Menge $DEG \cup KKT$ ist typischerweise nicht nur sehr viel kleiner als M, sondern sogar endlich. Dann ist in Zeile 4 die Minimierung von f auf $DEG \cup KKT$ durch den Vergleich endlich vieler Funktionswerte lösbar.

Algorithmus 3.1: Konzeptioneller Algorithmus zur restringierten nichtlinearen globalen Minimierung

Input : Lösbares restringiertes C^1-Optimierungsproblem P
Output : Globaler Minimalpunkt $x^\star$ von P

1 **begin**
2   Bestimme die Menge DEG der Punkte in M, an denen die MFB verletzt ist.
3   Bestimme unter den Punkten in M, an denen die MFB erfüllt ist, die Menge KKT aller KKT-Punkte.
4   Bestimme einen Minimalpunkt $x^\star$ von f in $DEG \cup KKT$.
5 **end**

3.1.3 Beispiel

Abb. 3.3 zeigt eine durch drei C^1-Ungleichungen beschriebene zulässige Menge M sowie Höhenlinien einer konkav-quadratischen Funktion f. Wegen der Spitze von M in x^3 sei dort die MFB verletzt. Zur Minimierung von f über M liefert Algorithmus 3.1 $KKT = \{x^1, x^2\}$ und $DEG = \{x^3\}$. Folglich liegt $x^\star = x^3$ in diesem Fall nicht in *KKT*, sondern in *DEG*. ◄

Der Algorithmus 3.1 leidet unter folgendem grundlegenden Problem: Sofern P nicht „sehr übersichtlich" ist, kann man sich selbst bei endlichen Mengen *DEG* und *KKT* nicht sicher sein, ob man *sämtliche* ihrer Elemente bestimmt hat. Falls *DEG* und *KKT* aber nur unvollständig berechnet werden, besteht die Gefahr, dass die globalen Minimalpunkte übersehen werden. Daher lässt sich Algorithmus 3.1 nur dann einsetzen, wenn die Mengen *DEG* und *KKT* durch Fallunterscheidungen komplett bestimmbar sind.

Eine erheblich tragfähigere Lösungsstrategie besteht in der Ausnutzung der Tatsache, dass sich immerhin *glatte konvexe* Probleme mit aktuellen Optimierungsverfahren „leicht" lösen lassen (Kap. 2). Daher geht man analog zu Algorithmus 2.1 und Algorithmus 2.2 vor, in denen die zur Zeit der Publikation der Verfahren noch schwer lösbaren *konvexen* Probleme durch leicht lösbare *lineare* Probleme approximiert werden. Diesen Ansatz „liften" wir um

Abb. 3.3 Kandidaten für globale Minimalpunkte

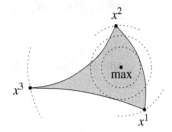

eine Stufe und werden im Folgenden schwer lösbare *nichtkonvexe* Probleme durch leicht lösbare *konvexe* Probleme approximieren.

3.2 Konvexe Relaxierung

Den Zusammenhang zwischen nichtkonvexen und konvexen Mengen bzw. Funktionen stellen wir durch konvexe Relaxierungen her.

3.2.1 Definition (Konvex relaxierte Menge)

Es sei $X \subseteq \mathbb{R}^n$ eine nichtleere Menge.

a) Jede konvexe Menge $\widehat{X} \subseteq \mathbb{R}^n$ mit $X \subseteq \widehat{X}$ heißt *konvexe Relaxierung* von X.

b) Der Durchschnitt aller konvexen Relaxierungen von X,

$$\widehat{\widehat{X}} := \bigcap \{\widehat{X} \mid \widehat{X} \supseteq X, \ \widehat{X} \text{ konvex}\},$$

heißt *konvexe Hülle* von X.

In Abb. 3.4 sind $\widehat{X}_1$ und $\widehat{X}_2$ konvexe Relaxierungen von X, und es gilt $\widehat{X}_2 = \widehat{\widehat{X}}$.

Die konvexe Hülle ist die kleinstmögliche konvexe Relaxierung von X. Wegen der Konvexität von $\widehat{X} = \mathbb{R}^n$ und $X \subseteq \widehat{X}$ existiert sie für alle X. Außerdem ist sie eindeutig bestimmt.

3.2.2 Definition (Konvex relaxierte Funktion)

Es seien eine nichtleere konvexe Menge $X \subseteq \mathbb{R}^n$ und eine Funktion $f : X \to \mathbb{R}$ gegeben.

a) Jede auf X konvexe Funktion $\widehat{f}$ mit

$$\forall x \in X : \ \widehat{f}(x) \leq f(x)$$

heißt *konvexe Relaxierung* von f auf X.

b) Eine konvexe Relaxierung $\widehat{f}$ von f auf X, die für alle anderen konvexen Relaxierungen $\widehat{f}$ von f auf X

$$\forall x \in X : \ \widehat{f}(x) \leq \widehat{\widehat{f}}(x)$$

erfüllt, heißt *konvexe Hüllfunktion* von f auf X.

Abb. 3.4 Konvexe
Relaxierungen einer Menge

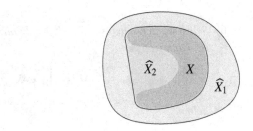

Abb. 3.5 Konvexe
Relaxierungen einer Funktion

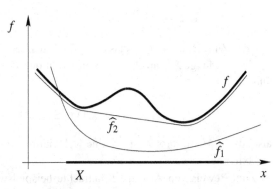

In Abb. 3.5 sind $\widehat{f}_1$ und $\widehat{f}_2$ konvexe Relaxierungen von f auf X, und es gilt $\widehat{f}_2 = \widehat{\widehat{f}}$. Im Gegensatz zu Mengen besitzt nicht jede Funktion f auf jeder Menge X eine konvexe Relaxierung. Zum Beispiel besitzt $f(x) = -x^2$ *keine* konvexe Relaxierung auf $X = \mathbb{R}$.

Der folgende Satz zeigt, dass man konvexe Relaxierungen von funktional beschriebenen Mengen mit Hilfe konvexer Relaxierungen der beschreibenden Funktionen erhält. Für die konvexe *Hülle* einer solchen Menge gilt das analoge Resultat allerdings nicht.

3.2.3 Satz

Es seien eine nichtleere konvexe Menge $X \subseteq \mathbb{R}^n$ (z. B. $X = \mathbb{R}^n$), darauf definierte Funktionen $g_i : X \to \mathbb{R}, i \in I$, und die Menge $M = \{x \in X \mid g_i(x) \leq 0, i \in I\}$ gegeben.

a) *Falls für jedes $i \in I$ die Funktion $\widehat{g}_i$ eine konvexe Relaxierung von g_i auf X ist, dann ist die Menge*

$$\widehat{M} = \{x \in X \mid \widehat{g}_i(x) \leq 0, i \in I\}$$

eine konvexe Relaxierung von M.

b) *Selbst wenn für jedes $i \in I$ die Funktion $\widehat{\widehat{g}}_i$ die konvexe Hüllfunktion von g_i auf X ist, kann trotzdem*

$$\widehat{\widehat{M}} \neq \left\{ x \in X \,\middle|\, \widehat{\widehat{g}}_i(x) \leq 0, \ i \in I \right\}$$

gelten.

Beweis Zum Beweis von Aussage a folgt aus der Konvexität der Funktionen $\widehat{g}_i$, $i \in I$, sowie der Menge X zunächst die Konvexität der Menge $\widehat{M}$. Nun sei $x \in M$. Dann gilt für alle $i \in I$

$$\widehat{g}_i(x) \ \leq \ g_i(x) \ \leq \ 0,$$

also $x \in \widehat{M}$, so dass $\widehat{M}$ auch eine Relaxierung von M ist, insgesamt also eine konvexe Relaxierung.

Zum Beweis von Aussage b betrachte beispielsweise $n = |I| = 1$, $X = [0, 2]$ und $g(x) = 1 - x^2$. Dann gilt $M = [1, 2]$, $\widehat{\widehat{g}}(x) = 1 - 2x$ und $\{x \in X \mid \widehat{\widehat{g}}(x) \leq 0\} = [1/2, 2]$, aber $\widehat{\widehat{M}} = M = [1, 2]$. $\qquad\qquad\square$

Satz 3.2.3a gibt die übliche Methode an, konvexe Relaxierungen von Mengen zu konstruieren. Satz 3.2.3b zeigt allerdings, dass sich diese Methode nicht auf die Konstruktion von konvexen Hüllen übertragen lässt.

Im nächsten Schritt untersuchen wir, welche Aussagen sich zum Zusammenhang nichtkonvexer Optimierungsprobleme zu Problemen treffen lassen, in denen deren Zielfunktion und zulässige Menge jeweils konvex relaxiert wurden.

3.2.4 Definition (Konvex relaxiertes Optimierungsproblem)
Für eine nichtleere konvexe Menge $X \subseteq \mathbb{R}^n$ seien eine Funktion $f : X \to \mathbb{R}$, eine Menge $M \subseteq X$ und das Optimierungsproblem

$$P : \quad \min \ f(x) \quad \text{s.t.} \quad x \in M$$

gegeben.
a) Die Funktion $\widehat{f}$ sei eine konvexe Relaxierung von f auf X, und $\widehat{M} \subseteq X$ sei eine konvexe Relaxierung von M. Dann heißt

$$\widehat{P} : \quad \min \ \widehat{f}(x) \quad \text{s.t.} \quad x \in \widehat{M}$$

konvexe Relaxierung von P (auf X).

b) Die konvexe Hüllfunktion $\widehat{\widehat{f}}$ von f auf X existiere, und $\widehat{M}$ sei die konvexe Hülle von M. Dann heißt

$$\widehat{\widehat{P}}: \quad \min \widehat{\widehat{f}}(x) \quad \text{s.t.} \quad x \in \widehat{M}$$

konvexes Hüllproblem von P (auf X).

Beachten Sie, dass in Definition 3.2.4a zwar $\widehat{M} \subseteq X$ gefordert werden muss, damit $\widehat{f}$ auf $\widehat{M}$ definiert ist, dass aber in Definition 3.2.4b die Bedingung $\widehat{M} \subseteq X$ automatisch gilt, weil X selbst eine konvexe Relaxierung von M darstellt.

3.2.5 Satz

Mit den Voraussetzungen aus Definition 3.2.4 seien die in Aussage a bis e auftretenden Optimierungsprobleme P, $\widehat{P}$ und $\widehat{\widehat{P}}$ lösbar mit globalen Minimalwerten v, $\widehat{v}$ bzw. $\widehat{\widehat{v}}$.
a) *Für den Minimalwert $\widehat{v}$ jeder konvexen Relaxierung $\widehat{P}$ von P gilt $\widehat{v} \leq v$.*
b) *Für den Minimalwert $\widehat{\widehat{v}}$ des konvexen Hüllproblems $\widehat{\widehat{P}}$ von P und den Minimalwert $\widehat{v}$ jeder konvexen Relaxierung $\widehat{P}$ gilt $\widehat{v} \leq \widehat{\widehat{v}} \leq v$ (d. h., $\widehat{\widehat{v}}$ ist die beste per konvexer Relaxierung erzielbare Unterschranke von v).*
c) *Im Allgemeinen gilt nicht notwendigerweise $\widehat{\widehat{v}} = v$.*
d) *Für $M = X$ gilt $\widehat{\widehat{v}} = v$.*
e) *Falls f linear ist, gilt $\widehat{\widehat{v}} = v$.*

Beweis Den Beweis von Aussage a liefert die Abschätzungskette

$$\widehat{v} = \min_{x \in \widehat{M}} \widehat{f}(x) \overset{M \subseteq \widehat{M}}{\leq} \min_{x \in M} \widehat{f}(x) \overset{M \subseteq X}{\leq} \min_{x \in M} f(x) = v.$$

Der Beweis von Aussage b ist dem Leser als Übung überlassen. Um Aussage c zu sehen, betrachte beispielsweise $n = 1$, $X = [-2, 2]$, $M = [-2, -1] \cup [1, 2]$ und $f(x) = x^2$. Dann gilt $v = 1$, aber wegen $\widehat{M} = X$ und $\widehat{\widehat{f}}(x) = x^2$ erhalten wir $\widehat{\widehat{v}} = 0 < 1 = v$.

Zum Beweis von Aussage d ist wegen Aussage b nur $v \leq \widehat{\widehat{v}}$ zu zeigen. Dazu stellen wir fest, dass die konstante Funktion $\widehat{f}(x) = v$ eine konvexe Relaxierung von f auf der konvexen Menge $M = X$ ist. Für die konvexe Hüllfunktion $\widehat{\widehat{f}}$ von f auf X gilt also

$$\forall x \in X: v = \widehat{f}(x) \leq \widehat{\widehat{f}}(x)$$

und damit $v \leq \min_{x \in X} \widehat{\widehat{f}}(x)$. Die Konvexität von $M = X$ impliziert schließlich $\widehat{M} = M$, also

$$v \leq \min_{x \in M} \widehat{\widehat{f}}(x) = \min_{x \in \widehat{M}} \widehat{\widehat{f}}(x) = \widehat{\widehat{v}}.$$

Für den Beweis von Aussage e setzen wir $f(x) = c^\mathsf{T} x + d$ mit passenden $c \in \mathbb{R}^n$ und $d \in \mathbb{R}$. Wegen Aussage b ist wieder nur $v \leq \widehat{v}$ zu zeigen. Tatsächlich gilt nach Definition des Minimalwerts v

$$\forall\, x \in M: \quad v \leq f(x) = c^\mathsf{T} x + d,$$

so dass die Menge $\widehat{M} := \{x \in \mathbb{R}^n \,|\, v \leq c^\mathsf{T} x + d\}$ eine konvexe Relaxierung von M bildet (an dieser Stelle geht nur die *Konkavität* von f ein). Dass die konvexe Hülle $\widehat{M}$ von M insbesondere in $\widehat{M}$ enthalten ist, kann man explizit ausschreiben zu

$$\forall\, x \in \widehat{M}: \quad v \leq c^\mathsf{T} x + d = f(x) = \widehat{\widehat{f}}(x),$$

wobei wir für die letzte Gleichung die *Konvexität* von f benutzt haben und woraus sofort $v \leq \widehat{\widehat{v}}$ folgt. $\qquad\qquad\qquad\qquad\qquad\qquad\qquad\qquad\qquad\qquad\qquad\qquad\qquad\Box$

Der Grund für die nicht garantierte Gleichheit von $\widehat{\widehat{v}}$ und v in Satz 3.2.5c liegt darin, dass $\widehat{\widehat{f}}$ auf $\widehat{M} \setminus M$ bessere Werte annehmen kann als f auf M. Zumindest dieser Effekt lässt sich durch eine vorgeschaltete Epigraphumformulierung von P umgehen.

3.2.6 Übung Zeigen Sie, dass v unter den Voraussetzungen von Satz 3.2.5 mit dem Optimalwert des konvexen Problems

$$\min_{x, \alpha} \alpha \quad \text{s.t.} \quad (x, \alpha) \in \widehat{\text{epi}(f, M)}$$

übereinstimmt.

Erinnert man sich aus Satz 3.2.3b allerdings daran, dass im Allgemeinen noch nicht einmal eine funktionale Darstellung von $\widehat{M}$ durch die konvexen Hüllfunktionen $\widehat{g}_i$, $i \in I$, möglich ist, lässt sich auch keine einfach erzeugbare funktionale Darstellung des Epigraphen aus Übung 3.2.6 erwarten. Dieses Ergebnis ist also eher theoretischer Natur und lässt sich selten praktisch einsetzen.

Aus dem gleichen Grund besteht im Folgenden kein Anlass, tatsächlich konvexe Hüllprobleme nichtkonvexer Optimierungsprobleme zu bestimmen. Stattdessen werden wir ab jetzt nur mit konvexen Relaxierungen arbeiten. Zur Berechnung von Unterschranken an nichtkonvexe Funktionen wird dabei die Relation $\widehat{v} \leq v$ aus Satz 3.2.5a wesentlich sein. Die *Konvexität* der Relaxierung $\widehat{P}$ von P spielt für die Gültigkeit dieser Ungleichung zwar keine Rolle, aber für ein konvex beschriebenes C^1-Problem $\widehat{P}$ ist $\widehat{v}$ mit den Methoden aus Kap. 2 effizient *berechenbar.*

3.3 Intervallarithmetik

Zu klären ist im nächsten Schritt, ob und wie man konvexe Relaxierungen von Funktionen auf Mengen algorithmisch konstruieren kann. Dazu machen wir von der *Intervallarithmetik* Gebrauch, einer numerischen Technik zur Einschließung von Fehlern bei Funktionsauswertungen. Nach einer grundlegenden Motivation dieser Methode in Abschn. 3.3.1 führt Abschn. 3.3.2 eine Verallgemeinerung der vier Grundrechenarten auf Intervalle sowie den Begriff der elementaren Funktion ein. Abschn. 3.3.3 gibt an, wie man Verknüpfungen von elementaren Funktionen und Grundrechenarten auf Intervallargumente verallgemeinern kann. Lästig ist der dabei auftretende Abhängigkeitseffekt, den Abschn. 3.3.4 erklärt, denn er verhindert häufig enge Fehlerschranken. Immerhin liefert die Intervallarithmetik trotzdem immer Einschließungen für Fehler, was in Abschn. 3.3.5 bewiesen wird. Eine Verbesserung der grundlegenden Ideen der Intervallarithmetik durch Taylor-Modelle diskutiert kurz Abschn. 3.3.6, bevor Abschn. 3.3.7 noch einige Bezeichnungen angibt, die wir im Zusammenhang mit mehrdimensionalen Intervallen benutzen.

3.3.1 Motivation und Anwendungen

Die Intervallarithmetik zielt auf die Bestimmung schnell berechenbarer Ober- und Unterschranken für Funktionswerte ab. Am Beispiel der Berechnung der Zahl e^{π} wird der Grundgedanke deutlich: Eine ungenaue Berechnung der Form

$$\pi \approx 3.141 \quad \Rightarrow \quad e^{\pi} \approx e^{3.141} \approx 23.14$$

birgt eine Unsicherheit über das Ergebnis, denn es ist nicht klar, wie weit 23.14 vom tatsächlichen Wert e^{π} entfernt ist. Eine bessere Aussage erhält man durch Benutzung von Unter- und Oberschranken an das Argument π und die Ausnutzung der Monotonie der Exponentialfunktion, um damit Unter- und Oberschranken an den Funktionswert e^{π} zu bestimmen (Abb. 3.6):

$$\pi \in [3.141, 3.142]$$
$$e^{3.141} > 23.127, \ e^{3.142} < 23.15 \quad (\text{„Rundung nach außen“})$$
$$\Rightarrow e^{\pi} \in [23.127, 23.15].$$

Dadurch ist klar, dass der oben berechnete ungenaue Wert 23.14 höchstens um den Fehler $\max\{23.14 - 23.127, 23.15 - 23.14\} = 0.013$ vom tatsächlichen Funktionswert abweicht.

Allgemeiner ist für $a \leq b$ und eine stetige Funktion $f : [a, b] \to \mathbb{R}$ die Bildmenge

Abb. 3.6 Berechnung von e^{π}

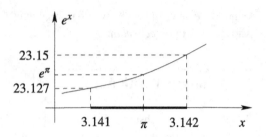

$$\text{bild}\,(\,f,[a,b])\;:=\;\{\,f(x)|\;x\in[a,b]\}$$

immer ein nichtleeres und kompaktes Intervall (aufgrund des Zwischenwertsatzes [17] und des Satzes von Weierstraß). Die ebenfalls gebräuchliche Bezeichnung $f([a,b])$ für bild($f,[a,b]$) vermeiden wir hier, da sie später im Rahmen der Intervallarithmetik zu Verwirrung führen würde.

Gesucht ist ein möglichst kleines Intervall $[c,d]$ mit bild($f,[a,b]$) $\subseteq [c,d]$, d. h. mit

$$\forall\,x\in[a,b]:\quad c\;\le\;f(x)\;\le d$$

(Abb. 3.7).

Wegen $c\le \min_{x\in[a,b]}\,f(x)$ und $d\ge \max_{x\in[a,b]}\,f(x)$ beinhaltet die Bestimmung von c und d scheinbar zwei globale Optimierungsprobleme. Mit Methoden der Intervallarithmetik kann man die Lösung dieser Probleme *umgehen,* erhält allerdings oft nur grobe Schranken c und d.

Bei der numerischen Berechnung von c und d ist häufig eine Rundung erforderlich. Zur Sicherheit benutzt man dann nicht die übliche Rundungsregel, sondern „Runden nach außen", d. h., c wird nach unten, d nach oben gerundet. In diesem Fall spricht man von sicherer Intervallarithmetik (und bei Nutzung der üblichen Rundung entsprechend von unsicherer Intervallarithmetik).

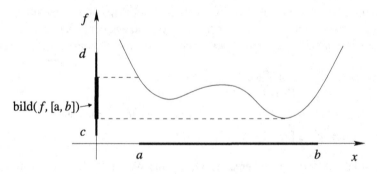

Abb. 3.7 Einschließung der Bildmenge bild($f,[a,b]$)

Neben der Behandlung von Rundungsfehlern sind andere Anwendungen der Intervalla-rithmetik zum Beispiel die Toleranzanalyse in technischen und physikalischen Systemen, die verlässliche Lösung von Gleichungen (z. B. [15]) und der Computerbeweis der Kepler'schen Vermutung [14].

3.3.2 Intervallgrundrechenarten

Die Intervallarithmetik basiert darauf, zunächst die Grundrechenarten von Zahlen auf Inter-valle zu übertragen. Dazu führen wir folgende Notation ein: Mit

$$\mathbb{IR} = \{[a, b] \mid a, b \in \mathbb{R}, \ a \leq b\}$$

bezeichnen wir die Menge aller nichtleeren und kompakten Intervalle in $\mathbb{R}$. Elemente von $\mathbb{IR}$ werden mit Großbuchstaben und die Intervallgrenzen mit den entsprechenden Kleinbuch-staben wie folgt bezeichnet:

$$X \in \mathbb{IR} \ \Rightarrow \ X = \left[\underline{x}, \overline{x}\right].$$

Für $\underline{x}, \overline{x} \in \mathbb{R}^n$ mit $\underline{x} \leq \overline{x}$ ist

$$X = \left[\underline{x}, \overline{x}\right] = \left\{x \in \mathbb{R}^n \mid \underline{x} \leq x \leq \overline{x}\right\}$$

ein nichtleeres und kompaktes n-dimensionales Intervall, kurz *Box* genannt. $\mathbb{IR}^n$ bezeichnet die Menge aller Boxen. Alternativ kann man eine Box auch per kartesischem Produkt als $X = [\underline{x}_1, \overline{x}_1] \times \ldots \times [\underline{x}_n, \overline{x}_n]$ schreiben (also grob gesagt als „Vektor von Intervallen" statt als „Intervall von Vektoren").

Wir leiten im Folgenden „natürliche" Definitionen der Grundrechenarten auf $\mathbb{IR}$ her. Die Systematik dafür besteht darin, die Bildmengen der entsprechenden Operationen für „Intervallinputs" auszurechnen. Formal aufgeschrieben bestimmt man also für eine (stetige) Operation $f : \mathbb{R}^2 \to \mathbb{R}$, $(x, y) \mapsto f(x, y)$ (wie etwa $f(x, y) = x + y$) eine entsprechende Operation $F : \mathbb{IR}^2 \to \mathbb{IR}$ durch $(X, Y) \mapsto \text{bild}(f, X \times Y)$, wobei die Menge $\text{bild}(f, X \times Y)$ explizit ausgerechnet wird. Da f stetig ist und $\mathbb{IR}^2$ nur aus nichtleeren und kompakten Mengen besteht, garantieren der Zwischenwertsatz sowie der Satz von Weierstraß wieder, dass F tatsächlich nach $\mathbb{IR}$ abbildet, als Output also stets ein nichtleeres und kompaktes Intervall liefert.

Addition
Für $X, Y \in \mathbb{IR}$ wird die (Minkowski-)Summe $X + Y$ als Menge aller auftretenden Summen von Elementen aus X und Y definiert:

$$X + Y := \{x + y \mid x \in X, \ y \in Y\}.$$

In die obige Systematik ordnet sich dies durch die Wahl $f(x, y) = x + y$ und $F(X, Y) =$ bild$(f, X \times Y) = \{x + y \mid (x, y) \in X \times Y\}$ ein.

Die Darstellung von $X + Y$ muss nun noch explizit gemacht werden: Mit $X = [\underline{x}, \overline{x}]$ und $Y = [\underline{y}, \overline{y}]$ gilt

$$X + Y = \left[\underline{x} + \underline{y}, \overline{x} + \overline{y}\right],$$

denn für alle $x \in X$ und $y \in Y$ ergibt die Addition der beiden Ungleichungen $\underline{x} \le x \le \overline{x}$ und $\underline{y} \le y \le \overline{y}$ die neue Ungleichung

$$\underline{x} + \underline{y} \le x + y \le \overline{x} + \overline{y},$$

woraus $X + Y \subseteq [\underline{x} + \underline{y}, \overline{x} + \overline{y}]$ folgt. Da außerdem die Punkte $\underline{x} + \underline{y}$ und $\overline{x} + \overline{y}$ in $X + Y$ liegen und $X + Y$ als Intervall eine konvexe Menge ist, gilt auch $X + Y \supseteq [\underline{x} + \underline{y}, \overline{x} + \overline{y}]$, insgesamt also die Behauptung. Wir erhalten somit die Definition

$$\left[\underline{x}, \overline{x}\right] + \left[\underline{y}, \overline{y}\right] := \left[\underline{x} + \underline{y}, \overline{x} + \overline{y}\right].$$

Man macht sich leicht klar, dass obige Formel ebenfalls für $X, Y \in \mathbb{R}^n$ gilt, womit auch die Addition von Boxen jeder Dimension definiert ist.

Addition mit einem Vektor
Für $x \in \mathbb{R}^n$ und $Y = [\underline{y}, \overline{y}] \in \mathbb{R}^n$ ist es naheliegend, die Addition

$$x + \left[\underline{y}, \overline{y}\right] := \left[x + \underline{y}, x + \overline{y}\right]$$

zu definieren. Tatsächlich liefert obige Systematik dieses Ergebnis. Ein alternatives Vorgehen wäre es, den Vektor $x \in \mathbb{R}^n$ mit der einpunktigen Box $[x, x] \in \mathbb{R}^n$ zu *identifizieren* und dann die obige Rechenregel für zwei Intervalle anzuwenden. Aus Gründen der Übersichtlichkeit werden wir im Folgenden aber auf diese Identifizierung durchgängig *verzichten*.

Die Definitionen der restlichen arithmetischen Operationen werden auf dieselbe systematische Weise hergeleitet.

Subtraktion
Für $X, Y \in \mathbb{R}^n$ setzen wir

$$-X := \{-x \mid x \in X\} = \left[-\overline{x}, -\underline{x}\right]$$

und

$$X - Y := X + (-Y) = \left[\underline{x} - \overline{y}, \overline{x} - \underline{y}\right].$$

Multiplikation

Für $X, Y \in \mathbb{R}$ setzen wir

$$X \cdot Y := \{x\,y \mid x \in X, \, y \in Y\} = \Box\left\{\underline{x}\,\underline{y}, \, \underline{x}\,\overline{y}, \, \overline{x}\,\underline{y}, \, \overline{x}\,\overline{y}\right\},$$

wobei wir für eine beschränkte Menge reeller Zahlen $A \subseteq \mathbb{R}$ die in der Literatur zur Intervallarithmetik gebräuchliche *Intervallhülle*

$$\Box A := [\inf A, \, \sup A]$$

von A einführen. Für die in unseren Anwendungen nur benötigten *endlichen* Mengen $A \subseteq \mathbb{R}$ gilt stets die einfache Identität $\Box A = \mathrm{conv}(A)$.

Mangels einer gängigen Multiplikationsvorschrift für Vektoren $x, y \in \mathbb{R}^n$, die ein Ergebnis in $\mathbb{R}^n$ liefert, definieren wir entsprechend auch keine Multiplikation von Boxen $X, Y \in \mathbb{R}^n$. Selbstverständlich lässt sich auch eine Intervallentsprechung des Skalarprodukts definieren, die man aber nicht als arithmetische Operation bezeichnen würde.

Multiplikation mit einem Skalar

Für $x \in \mathbb{R}$ mit $x \geq 0$ und $Y = [\underline{y}, \overline{y}] \in \mathbb{R}^n$ definieren wir

$$x \cdot \left[\underline{y}, \overline{y}\right] := \left[x\underline{y}, x\overline{y}\right]$$

und für $x < 0$

$$x \cdot \left[\underline{y}, \overline{y}\right] := (-x) \cdot (-Y) = \left[x\overline{y}, x\underline{y}\right].$$

Division

Für $X \in \mathbb{R}$ mit $0 \notin X$ setzen wir

$$\frac{1}{X} := \left\{\frac{1}{x} \,\middle|\, x \in X\right\} = \left[\frac{1}{\overline{x}}, \frac{1}{\underline{x}}\right]$$

und für $X, Y \in \mathbb{R}$ mit $0 \notin Y$

$$\frac{X}{Y} := X \cdot \left(\frac{1}{Y}\right) = \Box\left\{\frac{\underline{x}}{\overline{y}}, \frac{\underline{x}}{\underline{y}}, \frac{\overline{x}}{\overline{y}}, \frac{\overline{x}}{\underline{y}}\right\}.$$

Nachdem nun die Grundrechenarten für Intervalle definiert sind, halten wir zunächst fest, dass sich *nicht alle Rechenregeln aus $\mathbb{R}$ auf Intervalle übertragen*. Beispielsweise gilt für $X \in \mathbb{R}$ im Allgemeinen weder $X - X = [0, 0]$ noch $X/X = [1, 1]$, sondern dies ist nur für $\underline{x} = \overline{x}$ wahr. Auch liefert $X \cdot X$ nicht für jedes $X \in \mathbb{R}$ das Bild von X unter der Funktion $f(x) = x^2$. Dies liegt am in Abschn. 3.3.4 erklärten *Abhängigkeitseffekt,* der immer dann auftritt, wenn *dieselbe* Intervallvariable *mehrfach* in Rechenvorschriften auftaucht.

Mit Hilfe der Grundrechenarten lassen sich *rationale intervallwertige Funktionen* definieren, d.h. Funktionen $F : \mathbb{R}^n \to \mathbb{R}$, in deren Funktionsvorschrift nur die Intervallgrundrechenarten auftreten.

3.3.1 Beispiel

Für $F : \mathbb{R}^2 \to \mathbb{R}$, $F(X_1, X_2) = ([1, 2]X_1 + [0, 1])X_2$ und $X_1 = X_2 = [0, 1]$ sei $F(X_1, X_2)$ zu berechnen. Dies geschieht schrittweise wie folgt:

$$V_1 = [1, 2]X_1 = [1, 2][0, 1] = \square \{0, 1, 2\} = [0, 2],$$
$$V_2 = V_1 + [0, 1] = [0, 2] + [0, 1] = [0, 3],$$
$$F(X_1, X_2) = V_2 X_2 = [0, 3][0, 1] = [0, 3].$$

◄

Zusätzlich zu den Grundrechenarten lassen sich auch elementare (d. h. in der dem Anwender vorliegenden Softwareumgebung vordefinierte) Funktionen f in natürlicher Weise zu intervallwertigen Funktionen erweitern, nach unserer obigen Systematik nämlich wieder durch die explizite Berechnung von $F(X) := \text{bild}(f, X)$. Beispielsweise liefert die Monotonie der Funktionen exp und log sofort

$$\text{EXP}(X) := [\exp(\underline{x}), \exp(\overline{x})]$$

für $X \in \mathbb{R}$ und

$$\text{LOG}(X) := [\log(\underline{x}), \log(\overline{x})]$$

für $X \in \mathbb{R}$ mit $\underline{x} > 0$. Wegen der mangelnden Monotonie der Funktion sin ist die Berechnung von $\text{SIN}(X)$ für $X \in \mathbb{R}$ als bild(sin, X) weniger einfach, durch passende Fallunterscheidungen aber trotzdem durchführbar.

3.3.2 Übung   Berechnen Sie für alle $X \in \mathbb{R}$ die Menge bild(sin, X).

Im Folgenden werden wir gelegentlich nur die explizite Unter- oder Obergrenze eines Intervalls $F(X)$ benötigen und schreiben dafür

$$F(X) = \left[\underline{F}(X), \overline{F}(X) \right].$$

So gilt etwa $\underline{\text{EXP}}([\underline{x}, \overline{x}]) = \exp(\underline{x})$ und $\overline{\text{EXP}}([\underline{x}, \overline{x}]) = \exp(\overline{x})$.

3.3.3 Natürliche Intervallerweiterung

Für die folgende Definition sei daran erinnert, dass für $f : \mathbb{R}^k \to \mathbb{R}$ und $g : \mathbb{R}^n \to \mathbb{R}^k$ die Funktion $f \circ g : \mathbb{R}^n \to \mathbb{R}$, $x \mapsto (f \circ g)(x) := f(g(x))$ *Komposition* von f und g genannt wird.

3.3.3 Definition (Faktorisierbare Funktion)

Eine Funktion $f : \mathbb{R}^n \to \mathbb{R}$ heißt *faktorisierbar*, wenn die Funktionsvorschrift von f sich in endlich viele Elementaroperationen, bestehend aus den Grundrechenarten, elementaren Funktionen und Kompositionen, zerlegen lässt.

3.3.4 Beispiel

Die Funktion $f(x) = (\sin(e^{x_1 + 3x_2}) + 5)/(\|x\|_2 + 1)$ ist faktorisierbar, Lösungen von Differentialgleichungen sind es meistens *nicht*, und die Funktion $f(x) = \sum_{k=0}^{\infty} x^k/(2k)!$ ist es ebenfalls *nicht*. ◄

Definition 3.3.3 macht deutlich, dass die Techniken der Intervallarithmetik weniger auf Eigenschaften einer Funktion als auf Eigenschaften ihrer *Darstellung* beruhen. Beispielsweise sind die Funktionen $f_1(x) = \exp(x) - 1$ und $f_2(x) = \sum_{k=1}^{\infty} x^k/k!$ identisch, aber nur die Darstellung f_1 bildet eine Faktorisierung. Außerdem hängt die Faktorisierbarkeit sehr individuell davon ab, welche elementaren Funktionen ein Anwender in der benutzten Softwareumgebung vorfindet.

3.3.5 Definition (Intervallerweiterung)

a) Für $f : \mathbb{R}^n \to \mathbb{R}$ heißt $F : \mathbb{IR}^n \to \mathbb{IR}$ *Intervallerweiterung von* f, falls $\forall x \in \mathbb{R}^n$: $F([x, x]) = [f(x), f(x)]$ gilt.

b) Für eine faktorisierbare Funktion $f : \mathbb{R}^n \to \mathbb{R}$ mit gegebener Faktorisierung heißt $F : \mathbb{IR}^n \to \mathbb{IR}$, $F(X_1, \ldots, X_n) := f(X_1, \ldots, X_n)$ *natürliche Intervallerweiterung von* f.

In Teil b dieser Definition ist mit dem Ausdruck $f(X_1, \ldots, X_n)$ diejenige Funktionsvorschrift gemeint, die entsteht, wenn man in der vorliegenden Faktorisierung von f jedes Auftreten einer Variable x_i durch X_i ersetzt und dann alle auftretenden Elementaroperationen intervallwertig interpretiert. Entscheidend für den Aufbau der Intervallarithmetik ist, dass damit *nicht* die Menge bild($f, X_1 \times \ldots \times X_n$) gemeint ist. Wie Beispiel 3.3.7 zeigen

wird, stimmen $f(X_1, \ldots, X_n)$ und bild$(f, X_1 \times \ldots \times X_n)$ im Allgemeinen auch nicht überein. Dass für $n = 1$ insbesondere $f(X)$ und bild(f, X) nicht übereinzustimmen brauchen,
ist der Grund für unsere Notation des Bilds von X unter f.

Falls eine Funktion f nicht auf ganz $\mathbb{R}^n$ definiert ist, wie $f = \log$ für $n = 1$ und die
Division $f(x, y) = x/y$ für $n = 2$, dann muss der Definitionsbereich der Intervallerweiterung aus Definition 3.3.5 natürlich auch auf eine passende Teilmenge von $\mathbb{IR}^n$ eingeschränkt
werden.

3.3.6 Beispiel

Die oben definierten Funktionen EXP und LOG sind Intervallerweiterungen der elementaren Funktionen exp bzw. log. Dasselbe gilt für die Intervallgrundrechenarten, z. B. ist
$F([\underline{x}, \overline{x}], [\underline{y}, \overline{y}]) = [\underline{x} + \underline{y}, \overline{x} + \overline{y}]$ eine Intervallerweiterung von $f(x, y) = x + y$. Die
Funktion $F : \mathbb{IR}^2 \to \mathbb{IR}$ aus Beispiel 3.3.1 kann hingegen *nicht* die Intervallerweiterung
einer Funktion $f : \mathbb{R}^2 \to \mathbb{R}$ sein. ◀

3.3.7 Beispiel

Der Verlauf der Funktion $f(x) = x - x^2$ ist in Abb. 3.8 dargestellt. Man überlegt sich
leicht, dass diese Funktion bild$(f, [0, 1]) = [0, 1/4]$ erfüllt.

Da f als $f(x) = x - x \cdot x$ faktorisierbar ist, besitzt f die natürliche Intervallerweiterung
$F(X) = X - X \cdot X$. Einsetzen von $X = [0, 1]$ liefert

$$F([0, 1]) = [0, 1] - [0, 1][0, 1] = [0, 1] - [0, 1] = [-1, 1],$$

so dass $F([0, 1])$ *nicht* mit bild$(f, [0, 1])$ übereinstimmt.

Es kommt sogar noch schlimmer: Die Funktion f lässt sich zwar alternativ durch $\widetilde{f}(x) = x(1 - x)$ faktorisieren, trotz $f = \widetilde{f}$ stimmt aber die natürliche Intervallerweiterung
$\widetilde{F}(X) = X(1 - X)$ von $\widetilde{f}$ nicht mit der natürlichen Intervallerweiterung F von f überein,
denn für $X = [0, 1]$ gilt

$$\widetilde{F}([0, 1]) = [0, 1](1 - [0, 1]) = [0, 1][0, 1] = [0, 1] \neq [-1, 1] = F([0, 1]).$$

◀

Abb. 3.8 Bildbereich von f auf
$[0, 1]$

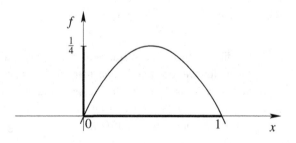

3.3.4 Abhängigkeitseffekt

Beispiel 3.3.7 zeigt, dass nicht nur die schon diskutierte Anwendbarkeit, sondern auch die *Ergebnisse* der Intervallarithmetik stark von der Darstellung der betrachteten Funktionen abhängen können, anstatt nur von ihren Eigenschaften. Der Grund dafür liegt im *Abhängigkeitseffekt,* mit dem man immer dann rechnen muss, wenn eine Intervallvariable mehr als einmal in einer Funktionsvorschrift auftritt. Er begründet sich damit, dass eine mehrfach auftretende Variable genauso behandelt wird wie mehrere unabhängige Variablen.

Beispielsweise wird $X(1 - X)$ genauso aufgefasst wie $X(1 - Y)$ mit der Zusatzbedingung $X = Y$. Die letztere Abhängigkeit von X und Y wird von der Intervallarithmetik allerdings ignoriert. Dies führt dazu, dass bei der Betrachtung der beiden Faktoren x und $1 - x$ Abhängigkeiten wie

$$x = 1 \;\Rightarrow\; 1 - x = 0 \quad \text{und} \quad x = \frac{1}{2} \;\Rightarrow\; 1 - x = \frac{1}{2}$$

unter den Tisch fallen und bei der Berechnung von $X(1 - X)$ insbesondere auch Produkte wie $1 \cdot 1$ auftreten, die bei der Auswertung von $x(1 - x)$ gar nicht vorkommen.

Analog werden $X - X$ wie $X - Y$ mit $X = Y$ und X/X wie X/Y mit $X = Y$ behandelt, weshalb nicht $X - X = [0, 0]$ oder $X/X = [1, 1]$ gilt. Auch das Produkt $X \cdot X$ liefert nicht immer das Bild von X unter $f(x) = x^2$ (z. B. für $X = [-1, 1]$), obwohl wir das Produkt von X und Y als exaktes Bild des Produktoperators definiert haben. Letzteres stimmt aber wieder nur für zwei unabhängige Inputs X und Y, während $X \cdot X$ wie $X \cdot Y$ mit $X = Y$ behandelt wird.

Als Faustregel gilt: Je öfter eine Variable auftritt, desto größer wird das per Intervallarithmetik berechnete Intervall. Beispiel 3.3.7 zeigt etwa, dass $X - X \cdot X$ (X tritt dreimal auf) für $X = [0, 1]$ ein erheblich größeres Intervall liefert als $X(1 - X)$ (X tritt nur zweimal auf).

Häufig auftretende Funktionen, die unter dem Abhängigkeitseffekt leiden, lassen sich per Intervallarithmetik besser behandeln, indem man sie ebenfalls als elementare Funktionen auffasst, beispielsweise alle Monome x^k, $k \in \mathbb{N}$. So besitzt $f(x) = x \cdot x$ die Intervallerweiterung $F(X) = X \cdot X$ mit $F([-1, 1]) = [-1, 1]$, während es die Auffassung von $\mathrm{sqr}(x) = x^2$ als elementare Funktion erlaubt, die Intervallerweiterung

$$\mathrm{SQR}([\underline{x}, \overline{x}]) \;=\; \begin{cases} \left[\min\{\underline{x}^2, \overline{x}^2\}, \max\{\underline{x}^2, \overline{x}^2\}\right], & \text{falls } 0 \notin [\underline{x}, \overline{x}] \\ \left[0, \max\{\underline{x}^2, \overline{x}^2\}\right], & \text{falls } 0 \in [\underline{x}, \overline{x}] \end{cases}$$

mit $\mathrm{SQR}([-1, 1]) = [0, 1]$ anzugeben. Auch Funktionen wie $\mathrm{norm}(x) = \|x\|_2$ werden oft als elementar aufgefasst.

3.3.8 Übung Verifizieren Sie, dass mit der angegebenen Funktion SQR für alle $X \in \mathbb{IR}$ die Beziehung $\mathrm{SQR}(X) = \mathrm{bild}(\mathrm{sqr}, X)$ gilt.

3.3.5 Einschließungseigenschaft

Trotz dieser eher „unangenehmen" Eigenschaften der natürlichen Intervallerweiterung erfüllt sie den von uns verfolgten Hauptzweck, als Ergebnis $F(X)$ eine *Obermenge* von bild(f, X) zu liefern und damit eine garantierte Unterschranke an den Minimalwert sowie eine garantierte Oberschranke an den Maximalwert von f auf X. So gilt in Beispiel 3.3.7

$$\left[0, \tfrac{1}{4}\right] = \text{bild}(f, [0, 1]) \subseteq \begin{cases} F([0, 1]) = [-1, 1] \\ \widetilde{F}([0, 1]) = [0, 1]. \end{cases}$$

Dass dies tatsächlich immer gilt, werden wir im Folgenden herleiten. Dazu müssen wir zunächst noch die Intervallerweiterung der Komposition zweier Funktionen genauer angeben.

Eine *vektorwertige* Funktion $f : \mathbb{R}^n \to \mathbb{R}^m$ heißt faktorisierbar, wenn jede Komponente f_j, $j = 1, \ldots, m$, als Funktion von $\mathbb{R}^n$ nach $\mathbb{R}$ faktorisierbar ist, und ihre natürliche Intervallerweiterung wird dann komponentenweise definiert, also als

$$F(X_1, \ldots, X_n) := \begin{pmatrix} F_1(X_1, \ldots, X_n) \\ \vdots \\ F_m(X_1, \ldots, X_n) \end{pmatrix}$$

mit den natürlichen Intervallerweiterungen F_j der faktorisierten Funktionen f_j, $j = 1, \ldots, m$.

Falls $f : \mathbb{R}^k \to \mathbb{R}$ und $g : \mathbb{R}^n \to \mathbb{R}^k$ faktorisierbare Funktionen mit natürlichen Intervallerweiterungen $F : \mathbb{R}^k \to \mathbb{R}$ und $G : \mathbb{R}^n \to \mathbb{R}^k$ sind, dann definiert man naheliegenderweise

$$(F \circ G)(X) := F(G(X))$$

als natürliche Intervallerweiterung von $f \circ g$. Dies ist lediglich die Formalisierung der offensichtlichen Tatsache, dass man als Intervallerweiterung von $f(g(x))$ den Ausdruck $F(G(X))$ benutzt.

3.3.9 Übung Zeigen Sie, dass für jede faktorisierbare Funktion $f : \mathbb{R}^n \to \mathbb{R}$ und jede ihrer Faktorisierungen ihre in Definition 3.3.5b eingeführte natürliche Intervallerweiterung nicht nur so *heißt*, sondern tatsächlich auch eine Intervallerweiterung von f im Sinne von Definition 3.3.5a *ist*.

3.3.10 Definition (Monotone Intervallerweiterung)
Eine intervallwertige Funktion $F : \mathbb{IR}^n \to \mathbb{IR}$ heißt *monoton* (oder *inklusionsisoton*), falls

$$\forall X, Y \in \mathbb{IR}^n \text{ mit } X \subseteq Y : \quad F(X) \subseteq F(Y)$$

gilt.

3.3.11 Satz
Die Intervallgrundrechenarten, die intervallwertigen elementaren Funktionen sowie die Komposition von Funktionen sind monoton.

Beweis Für jede Intervallgrundrechenart oder eine intervallwertige elementare Funktion f gilt mit dazu passenden Mengen X per Definition $f(X) = \mathrm{bild}(f, X)$. Wegen $\mathrm{bild}(f, X) \subseteq \mathrm{bild}(f, Y)$ für $X \subseteq Y$ folgt daraus ihre Monotonie.

Für Funktionen f und g, die selbst keine Kompositionen enthalten, ist damit auch die Monotonie von $F \circ G$ klar. Da eine Komposition außerdem nicht als eine „innerste" Operation in einer Funktionsvorschrift auftreten kann, folgt durch ein rekursives Argument die Monotonie jeder Komposition $F \circ G$. □

Satz 3.3.11 impliziert das folgende Ergebnis.

3.3.12 Korollar
Für jede faktorisierbare Funktion $f : \mathbb{R}^n \to \mathbb{R}$ und jede ihrer Faktorisierungen ist die natürliche Intervallerweiterung $F : \mathbb{IR}^n \to \mathbb{IR}$ monoton.

Damit sind wir in der Lage, die gewünschte Einschließungseigenschaft zu beweisen.

3.3.13 Satz
Für jede faktorisierbare Funktion $f : \mathbb{R}^n \to \mathbb{R}$, jede ihrer Faktorisierungen und zugehörigen natürlichen Intervallerweiterungen $F : \mathbb{IR}^n \to \mathbb{IR}$ sowie alle $X \in \mathbb{IR}^n$ gilt

$$\mathrm{bild}(f, X) \subseteq F(X).$$

Beweis Für alle $x \in X$ gilt

$$[f(x), f(x)] = F([x, x]) \overset{F \text{ monoton}}{\subseteq} F(X)$$

und damit $f(x) \in F(X)$ sowie $\mathrm{bild}(f, X) \subseteq F(X)$.   □

Satz 3.3.13 bedeutet gerade, dass die natürliche Intervallerweiterung gültige Schranken für $\mathrm{bild}(f, X)$ liefert. Wie gesehen können sie wegen des Abhängigkeitseffekts aber sehr grob sein.

3.3.6 Taylor-Modelle

Verbesserte Schranken kann man unter anderem mit *Taylor-Modellen* erzielen, deren Idee im Folgenden kurz erklärt wird. Für stetig differenzierbares $f : M \to \mathbb{R}$ mit konvexer Menge $M \subseteq \mathbb{R}^n$ gilt nach dem Mittelwertsatz

$$\forall x, \widetilde{x} \in M : \quad f(x) = f(\widetilde{x}) + \langle \nabla f(y), x - \widetilde{x} \rangle$$

mit einem y auf der Verbindungsstrecke von x und $\widetilde{x}$. Über y ist nicht viel bekannt, aber immerhin muss y selbst auch in M liegen, denn es liegt in der konvexen Hülle der Elemente x und $\widetilde{x}$ von M, und M ist konvex. Da mit der Abkürzung $g := \nabla f$

$$\forall x, \widetilde{x} \in M : \quad f(x) = f(\widetilde{x}) + \sum_{i=1}^{n} g_i(y)(x_i - \widetilde{x}_i)$$

gilt, folgt

$$\forall x, \widetilde{x} \in M : \quad f(x) \in f(\widetilde{x}) + \sum_{i=1}^{n} \mathrm{bild}(g_i, M)(x_i - \widetilde{x}_i).$$

Wählt man insbesondere $M \in \mathbb{IR}^n$ und ist außerdem $g = \nabla f$ faktorisierbar mit natürlicher Intervallerweiterung G, so braucht man die Mengen $\mathrm{bild}(g_i, M), i = 1, \ldots, n$, nicht explizit zu berechnen, sondern kann wegen $\mathrm{bild}(g_i, M) \subseteq G_i(M)$

$$\forall x, \widetilde{x} \in M : \quad f(x) \in f(\widetilde{x}) + \sum_{i=1}^{n} G_i(M)(x_i - \widetilde{x}_i)$$

schließen. Damit gilt für alle $X \in \mathbb{IR}^n$ mit $X \subseteq M$ sowie jedes $\widetilde{x} \in M$

$$\text{bild}(f, X) \subseteq f(\widetilde{x}) + \sum_{i=1}^{n} G_i(M)([\underline{x}_i, \overline{x}_i] - \widetilde{x}_i).$$

Dann ist $F(X) := f(\widetilde{x}) + \sum_{i=1}^{n} G_i(M)([\underline{x}_i, \overline{x}_i] - \widetilde{x}_i)$ für $X \subseteq M$ zwar keine Intervallerweiterung von f, liefert aber trotzdem Schranken für $\text{bild}(f, X)$, und insbesondere folgt

$$\text{bild}(f, M) \subseteq F(M) = f(\widetilde{x}) + \sum_{i=1}^{n} G_i(M)([\underline{m}_i, \overline{m}_i] - \widetilde{x}_i).$$

Als $\widetilde{x}$ wählt man etwa den Mittelpunkt von M, also $\widetilde{x} = (\underline{m} + \overline{m})/2$.

3.3.14 Beispiel

Für $f(x) = x(1 - x)$ und $M = [0, 1]$ gilt $g(x) = f'(x) = 1 - 2x$ und damit $G([0, 1]) = 1 - 2[0, 1] = [-1, 1]$. Mit $\widetilde{x} = 1/2$ folgt

$$\text{bild}(f, [0, 1]) \subseteq F([0, 1]) := f\left(\tfrac{1}{2}\right) + G([0, 1])\left([0, 1] - \tfrac{1}{2}\right) = \tfrac{1}{4} + [-1, 1]\left([0, 1] - \tfrac{1}{2}\right)$$

$$= \tfrac{1}{4} + [-1, 1]\left[-\tfrac{1}{2}, \tfrac{1}{2}\right] = \tfrac{1}{4} + \left[-\tfrac{1}{2}, \tfrac{1}{2}\right] = \left[-\tfrac{1}{4}, \tfrac{3}{4}\right].$$

Vergleichen Sie dies mit den entsprechenden Ergebnissen aus Beispiel 3.3.7. ◄

Diese Idee eines Taylor-Modells lässt sich analog auf Taylor-Entwicklungen höherer Ordnung verallgemeinern [15].

3.3.7 Weitere Bezeichnungen

Zum späteren Gebrauch führen wir abschließend für eine Box $X = [\underline{x}, \overline{x}] \in \mathbb{R}^n$ noch folgende Bezeichnungen ein:

- $m(X) = (\underline{x} + \overline{x})/2$ ist der *Boxmittelpunkt*.
- $w(X) = \|\overline{x} - \underline{x}\|_2$ ist die *Boxweite*.

Beachten Sie, dass $w(X)$ die Länge der Boxdiagonalen bezeichnet und damit ein Maß für die Boxgröße ist. Es sei darauf hingewiesen, dass in der Literatur zur Intervallarithmetik auch andere Wahlen der Norm zur Definition von $w(X)$ üblich sind. Dabei entspricht zum Beispiel die ℓ_∞-Norm gerade der größten Kantenlänge von X, und die ℓ_1-Norm liefert die Summe der Kantenlängen entlang der n Koordinatenrichtungen, von denen man ein (dimensionsabhängiges) Vielfaches als „Umfang" von X, also als Summe aller Kantenlängen, auffassen kann. Im Fall $n = 1$ gilt für jede der drei angesprochenen Normen natürlich $w(X) = \overline{x} - \underline{x}$.

3.3.15 Übung Für eine Menge $M \subseteq \mathbb{R}^n$ bezeichnet $\sup_{x,y \in M} \|x - y\|_2$ den *Durchmesser* von M. Zeigen Sie, dass der Durchmesser einer Box X mit ihrer Boxweite übereinstimmt.

Aus numerischer Sicht, insbesondere bei der Behandlung von Rundungsfehlern bei der Auswertung von f an einem $x \in \mathbb{R}^n$ durch Intervallarithmetik, wäre eine entscheidende nächste Frage, ob und wie schnell die Einschließungsintervalle $F(X)$ für bild(f, X) klein werden, wenn man kleiner werdende Einschließungsboxen X für x benutzt, also für $w(X) \to 0$. Hier sind Taylor-Modelle der natürlichen Intervallerweiterung überlegen. Da sich diese Frage für unsere Anwendung in der globalen Optimierung aber nicht stellen wird, verweisen wir bei Interesse an weiterführenden Darstellungen der Intervallarithmetik auf [27].

3.4   Konvexe Relaxierung per αBB-Methode

Mit Hilfe der Intervallarithmetik lassen sich in verschiedener Weise konvexe Relaxierungen von Funktionen konstruieren. Wir konzentrieren uns hier auf die αBB-Methode [1, 2]. Für weiterführende Darstellungen dieser Methode sei auf [9] verwiesen.

Da die Techniken der Intervallarithmetik gut zu boxförmigen Mengen passen, suchen wir zunächst für eine Box $X \in \mathbb{IR}^n$ eine konvexe Relaxierung einer Funktion $f \in C^2(X, \mathbb{R})$, also eine konvexe Funktion $\widehat{f} : X \to \mathbb{R}$ mit $\widehat{f}(x) \le f(x)$ für alle $x \in X$ (Definition 3.2.2a). Die zweimalige stetige Differenzierbarkeit von f auf X erlaubt es uns, für die Konstruktion von $\widehat{f}$ die C^2-Charakterisierung von Konvexität heranzuziehen. Die Volldimensionalität der Box X ist dabei zum einen wünschenswert und zum anderen nicht einschränkend, weshalb wir ab jetzt Boxen $X = [\underline{x}, \overline{x}]$ mit $\underline{x} < \overline{x}$ voraussetzen.

Grundidee der αBB-Methode ist es, zunächst eine möglichst einfache gleichmäßig konvexe Funktion ψ zu konstruieren, die auf X nichtpositiv ist. Dann addiert man ein genügend großes Vielfaches $\alpha \psi$ von ψ auf f, d.h., man setzt

$$\widehat{f}_\alpha(x) := f(x) + \alpha \psi(x)$$

mit hinreichend großem $\alpha \ge 0$, um Nichtkonvexitäten von f auf X zu kompensieren.

Mit der Darstellung $X = [\underline{x}, \overline{x}]$ ist eine einfache gleichmäßig konvexe und auf X nichtpositive Funktion durch

$$\psi(x) := \frac{1}{2}(\underline{x} - x)^\mathsf{T}(\overline{x} - x)$$

gegeben, denn wegen

$$\forall x \in X : \quad \forall i = 1, \dots, n : \quad \underline{x_i} \le x_i \le \overline{x}_i$$

gilt für alle $x \in X$

$$\psi(x) \;=\; \frac{1}{2} \sum_{i=1}^{n} \underbrace{(\underline{x}_i - x_i)}_{\leq 0}\,\underbrace{(\overline{x}_i - x_i)}_{\geq 0} \;\leq\; 0,$$

und außerdem erfüllt die Hesse-Matrix von ψ für alle $x \in \mathbb{R}^n$

$$D^2\psi(x) \;=\; \begin{pmatrix} 1 & & 0 \\ & \ddots & \\ 0 & & 1 \end{pmatrix} \;=\; E.$$

Damit erhalten wir $\lambda_{\min}(D^2\psi(x)) = 1$, so dass ψ nach Satz 2.5.10a gleichmäßig konvex auf $\mathbb{R}^n$ ist. Wir halten ferner fest, dass ψ in jedem Eckpunkt von X verschwindet, denn für einen Eckpunkt y von X gilt in jeder Komponente $i \in \{1, \dots, n\}$ entweder $y_i = \underline{x}_i$ oder $y_i = \overline{x}_i$. Damit verschwindet jeder Summand von $\psi(y)$, es gilt also $\psi(y) = 0$. Abb. 3.9 und 3.10 zeigen die Gestalt von ψ für $n = 1$ und $X = [1, 2]$ bzw. für $n = 2$ und $X = [1, 2] \times [1, 3]$.

3.4.1 Übung Zeigen Sie, dass der eindeutige Minimalpunkt der gleichmäßig konvexen Funktion

$$\psi(x) \;=\; \frac{1}{2}(\underline{x} - x)^\mathsf{T}(\overline{x} - x)$$

der Mittelpunkt $m(X) = (\underline{x} + \overline{x})/2$ der Box X ist und dass der Minimalwert

$$\min_{x \in \mathbb{R}^n} \psi(x) \;=\; \min_{x \in X} \psi(x) \;=\; \psi(m(X)) \;=\; -\frac{1}{8}\, w(X)^2 \qquad (3.1)$$

lautet, wobei $w(X) = \|\overline{x} - \underline{x}\|_2$ die Boxweite bezeichnet.

Abb. 3.9 ψ für $n = 1$

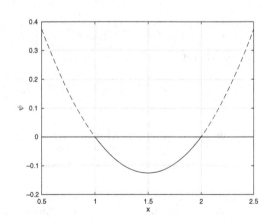

Abb. 3.10 ψ für $n = 2$

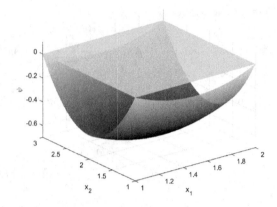

Wir setzen also

$$\widehat{f_\alpha}(x) \;=\; f(x) + \alpha\psi(x) \;=\; f(x) + \frac{\alpha}{2}(\underline{x} - x)^\mathsf{T}(\overline{x} - x)$$

mit einem noch zu bestimmenden Parameter α. Ohne weitere Voraussetzungen können wir bereits die folgenden Resultate zeigen.

3.4.2 Lemma

a) *Für alle $x \in X$ und $\alpha \geq 0$ gilt $\widehat{f_\alpha}(x) \leq f(x)$.*
b) *Für jeden Eckpunkt y von X und jedes $\alpha \in \mathbb{R}$ gilt $\widehat{f_\alpha}(y) = f(y)$.*
c) *Für alle $\alpha \geq 0$ beträgt die maximale Abweichung zwischen f und $\widehat{f_\alpha}$ auf X*

$$\max_{x \in X}\,(f(x) - \widehat{f_\alpha}(x)) \;=\; \frac{\alpha}{8}\, w(X)^2 \,.$$

Beweis Es gilt

$$\forall\, x \in X,\ \alpha \geq 0: \quad f(x) - \widehat{f_\alpha}(x) \;=\; -\underbrace{\alpha}_{\geq 0}\ \underbrace{\psi(x)}_{\leq 0} \;\geq\; 0,$$

also Aussage a. Außerdem erfüllen jeder Eckpunkt y von X und alle $\alpha \in \mathbb{R}$

$$f(y) - \widehat{f_\alpha}(y) \;=\; -\alpha\,\underbrace{\psi(y)}_{=0} \;=\; 0,$$

was Aussage b beweist. Um schließlich Aussage c zu sehen, stellen wir für alle $\alpha \geq 0$

$$\max_{x \in X} (f(x) - \widehat{f}_\alpha(x)) \;=\; -\alpha \min_{x \in X} \psi(x) \overset{(3.1)}{=} \frac{\alpha}{8}\, w(X)^2$$

fest.   □

Lemma 3.4.2c besagt, dass die maximale Abweichung zwischen f und $\widehat{f}_\alpha$ auf X nur von α und von der Boxweite $w(X)$ abhängt (und z. B. überhaupt nicht von f oder von anderen geometrischen Eigenschaften von X). Bemerkenswert ist hier außerdem, dass der maximale Fehler durch Lemma 3.4.2c nicht nur nach oben abgeschätzt, sondern sogar exakt angegeben wird.

   Nach Lemma 3.4.2a ist $\widehat{f}_\alpha$ für alle $\alpha \geq 0$ eine Relaxierung von f auf X. Wir wählen α nun außerdem so groß, dass die Nichtkonvexitäten in f vom (gleichmäßig) konvexen Term $\alpha \psi$ kompensiert werden. Wegen $f \in C^2$ und $\psi \in C^2$ ist auch $\widehat{f}_\alpha = f + \alpha \psi$ eine C^2-Funktion. Laut C^2-Charakterisierung von Konvexität (Satz 2.5.3) ist $\widehat{f}_\alpha$ genau dann konvex auf der (volldimensionalen) Box X, wenn $D^2\widehat{f}_\alpha(x) \succeq 0$ für alle $x \in X$ gilt, wenn also für alle $x \in X$ sämtliche Eigenwerte von $D^2\widehat{f}_\alpha(x)$ nichtnegativ sind.

   Aufgrund von

$$D^2\widehat{f}_\alpha(x) \;=\; D^2 f(x) + \alpha D^2 \psi(x) \;=\; D^2 f(x) + \alpha E$$

kann man nun versuchen, α so zu wählen, dass alle Eigenwerte von $D^2 f(x) + \alpha E$ nichtnegativ sind. Das ist tatsächlich möglich, denn die Eigenwerte von $D^2 f(x) + \alpha E$ und $D^2 f(x)$ hängen sehr einfach zusammen (wie wir auch bereits im Beweis von Satz 2.5.10b gesehen haben): Wegen

$$\widehat{\lambda} \text{ EW von } D^2\widehat{f}_\alpha(x) \Leftrightarrow \det(D^2\widehat{f}_\alpha(x) - \widehat{\lambda}E) = 0 \Leftrightarrow \det(D^2 f(x) + \alpha E - \widehat{\lambda}E) = 0$$
$$\Leftrightarrow \det(D^2 f(x) - (\widehat{\lambda} - \alpha)E) = 0 \Leftrightarrow \widehat{\lambda} - \alpha \text{ EW von } D^2 f(x),$$

erhält man die Eigenwerte von $D^2\widehat{f}_\alpha(x)$, indem man die Eigenwerte von $D^2 f(x)$ um α nach rechts verschiebt (Abb. 3.11). Wenn insbesondere $\lambda_{\min}$ den *kleinsten* Eigenwert von $D^2 f(x)$ bezeichnet, dann ist $\lambda_{\min} + \alpha$ der kleinste Eigenwert von $D^2\widehat{f}_\alpha(x)$, und wir erhalten

$$D^2\widehat{f}_\alpha(x) \succeq 0 \;\Leftrightarrow\; \lambda_{\min} + \alpha \geq 0.$$

Abb. 3.11 Verschiebung von Eigenwerten

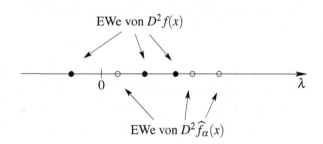

EWe von $D^2 f(x)$

EWe von $D^2\widehat{f}_\alpha(x)$

Da allerdings auch $\lambda_{\min}$ von x abhängig ist ($\lambda_{\min}(x)$ ist der kleinste Eigenwert von $D^2 f(x)$), muss man genauer sagen: $\widehat{f_\alpha}(x)$ ist genau dann konvex auf X, wenn

$$\forall x \in X : \quad \lambda_{\min}(x) + \alpha \ \geq \ 0$$

gilt oder äquivalent

$$\min_{x \in X} \lambda_{\min}(x) + \alpha \ \geq \ 0$$

und damit

$$\alpha \ \geq \ -\min_{x \in X} \lambda_{\min}(x).$$

Dass dieser Minimalwert angenommen wird, liegt am Satz von Weierstraß und der Tatsache, dass Eigenwerte symmetrischer Matrizen stetig von den Matrixeinträgen abhängen [38].

Insgesamt folgt hieraus ein zentrales Resultat, in dem wir außerdem berücksichtigen müssen, dass für die Relaxierungseigenschaft $\widehat{f_\alpha} \leq f$ auch $\alpha \geq 0$ nötig ist.

3.4.3 Satz
Für alle $\alpha \ \geq \ \max\{0, -\min_{x \in X} \lambda_{\min}(x)\}$ ist $\widehat{f_\alpha} = f + \alpha \psi$ eine konvexe Relaxierung von f auf X.

Ein grundlegendes Problem dafür, globale Optimierungsprobleme mit Hilfe konvexer Relaxierungen per αBB-Methode zu lösen, liegt nun darin, dass man für die passende Wahl von α scheinbar wiederum ein globales Optimierungsproblem lösen muss, nämlich

$$\min \lambda_{\min}(x) \quad \text{s.t.} \quad x \in X.$$

Dieses Optimierungsproblem ist wegen der nicht garantierten Glattheit der Zielfunktion womöglich noch schwerer zu lösen als das jeweils betrachtete Ausgangsproblem, man scheint sich also im Kreis zu drehen. An dieser Stelle schafft die Intervallarithmetik Abhilfe, die eine garantierte Unterschranke β von $\lambda_{\min}(x)$ auf X bereitstellt, so dass man die Lösung des globalen Optimierungsproblems umgeht. Nach der Berechnung von β setzt man

$$\alpha \ := \ \max\{0, -\beta\},$$

denn damit folgt $\alpha \geq 0$ und $\alpha \geq -\beta \geq -\min_{x \in X} \lambda_{\min}(x)$. Nach Satz 3.4.3 ist $\widehat{f_\alpha}$ also eine konvexe Relaxierung von f auf X.

Das so gewählte α ist im Allgemeinen größer als das per globaler Optimierung von $\lambda_{\min}(x)$ über X erzielbare, und damit muss man nach Lemma 3.4.2c einen größeren Maximalabstand zwischen f und $\widehat{f_\alpha}$ auf X in Kauf nehmen. Dafür ist diese Wahl von α algorithmisch häufig leicht umsetzbar.

Wir berechnen die Unterschranke β zunächst für zwei einfache Spezialfälle, bevor wir uns dem allgemeinen Fall zuwenden.

Berechnung von β für $n = 1$

Wegen $D^2 f(x) = f''(x)$ ist $\lambda(x) = f''(x)$ einziger Eigenwert von $D^2 f(x)$, und damit gilt $\lambda_{\min}(x) = f''(x)$. Falls f'' faktorisierbar ist, bilden wir zu einer gegebenen Faktorisierung die natürliche Intervallerweiterung F'' von f'' und wählen $\beta := \underline{F}''(X)$, definieren β also als Untergrenze von $F''(X)$. Dann gilt $\beta \leq \min_{x \in X} f''(x) = \min_{x \in X} \lambda_{\min}(x)$.

3.4.4 Beispiel

Die Funktion $f(x) = x^3 - x$ ist auf $X = [-1, 1]$ nicht konvex (Abb. 3.12). Eine konvexe Relaxierung von f auf X berechnet man per αBB-Methode wie folgt: Setze $\widehat{f_\alpha}(x) = f(x) + \alpha \psi(x)$ mit

$$\psi(x) = \frac{1}{2}(x + 1)(x - 1) = \frac{x^2 - 1}{2}$$

und

$$\alpha = \max\{0, -\beta\},$$

wobei

$$\beta \leq \min_{x \in [-1,1]} f''(x) = \min_{x \in [-1,1]} 6x$$

Abb. 3.12 Konvexe Relaxierung

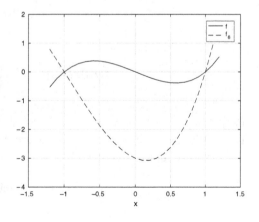

zu bestimmen ist. Es gilt $F''(X) = 6X$ und damit $F''([-1, 1]) = [-6, 6]$. Es folgt $\beta = \underline{F}''([-1, 1]) = -6$ und $\alpha = 6$. Damit ist

$$\widehat{f_6}(x) = f(x) + 6\psi(x) = x^3 - x + 3x^2 - 3$$

eine konvexe Relaxierung von f auf $[-1, 1]$ (Abb. 3.12). ◄

3.4.5 Übung Zeigen Sie, dass die Funktion $\widehat{f_6}$ aus Beispiel 3.4.4 *außerhalb* des Intervalls $X = [-1, 1]$ weder konvex noch eine Relaxierung von f ist.

Berechnung von β für $n > 1$ und separables f

Eine Funktion $f : \mathbb{R}^n \to \mathbb{R}$ heißt *separabel,* wenn sie als Summe von n Funktionen geschrieben werden kann, die jeweils nur von einem der n Argumente abhängen:

$$f(x) = \sum_{i=1}^{n} f_i(x_i).$$

Zum Beispiel ist $f_1(x) = x_1^2 + x_2^3 + e^{x_3}$ separabel, aber $f_2(x) = x_1^2 x_2 + e^{x_3}$ nicht. Für separable Funktionen gilt

$$\nabla f(x) = \begin{pmatrix} f_1'(x_1) \\ \vdots \\ f_n'(x_n) \end{pmatrix}$$

und

$$D^2 f(x) = \begin{pmatrix} f_1''(x_1) & & 0 \\ & \ddots & \\ 0 & & f_n''(x_n) \end{pmatrix}$$

$$(\text{z. B. } D^2 f_1(x) = \begin{pmatrix} 2 & 0 & 0 \\ 0 & 6x_2 & 0 \\ 0 & 0 & e^{x_3} \end{pmatrix}).$$

Für jede separable C^2-Funktion ist die Hesse-Matrix $D^2 f(x)$ demnach eine Diagonalmatrix. Da bei Diagonalmatrizen die Eigenwerte mit den Diagonalelementen identisch sind, folgt in diesem Fall für den kleinsten Eigenwert

$$\lambda_{\min}(x) = \min_{i=1,\dots,n} f_i''(x_i)$$

und damit nach Übung 1.3.3a sowie Übung 1.3.6c

$$\min_{x \in X} \lambda_{\min}(x) = \min_{x \in X} \min_{i=1,\ldots,n} f_i''(x_i) = \min_{i=1,\ldots,n} \min_{x \in X} f_i''(x_i) = \min_{i=1,\ldots,n} \min_{x_i \in [\underline{x}_i, \overline{x}_i]} f_i''(x_i).$$

Wir brauchen also nur den kleinsten Minimalwert von n *ein*dimensionalen Optimierungsproblemen zu berechnen bzw. nach unten abzuschätzen. Falls alle f_i'' faktorisierbar sind, bilden wir natürliche Intervallerweiterungen F_i'', wählen $\beta_i := \underline{F}_i''([\underline{x}_i, \overline{x}_i])$, $i = 1, \ldots, n$, und setzen $\beta := \min_{i=1,\ldots,n} \beta_i$. Dann gilt $\beta \leq \min_{x \in X} \lambda_{\min}(x)$.

Berechnung von β im allgemeinen Fall

Im allgemeinen Fall lautet die Hesse-Matrix von f

$$D^2 f(x) = \begin{pmatrix} \partial_{x_1} \partial_{x_1} f(x) & \cdots & \partial_{x_n} \partial_{x_1} f(x) \\ \vdots & & \vdots \\ \partial_{x_1} \partial_{x_n} f(x) & \cdots & \partial_{x_n} \partial_{x_n} f(x) \end{pmatrix} =: A \quad \text{(eigentlich } A(x)\text{)}.$$

In diesem Fall liegen leider keine geschlossenen Formeln für die Eigenwerte mehr vor, sondern die Eigenwerte sind Lösungen der Gleichung $\det(A - \lambda E) = 0$. Das ist zur Anwendung der Intervallarithmetik ungünstig, denn sie gibt Schranken für die explizite Auswertung von Funktionen an, nicht für implizite Lösungen von Gleichungen. Man behilft sich stattdessen mit geschlossenen Formeln für *Schranken* an die Eigenwerte, an die per Intervallarithmetik nochmals Schranken berechnet werden.

3.4.6 Definition (Gerschgorin-Kreisscheiben)

Für eine (n, n)-Matrix A mit Einträgen aus der Menge der komplexen Zahlen $\mathbb{C}$, ein $i \in \{1, \ldots, n\}$ und

$$r_i := \sum_{\substack{j=1 \\ j \neq i}}^{n} |a_{ij}|$$

heißt

$$\{\lambda \in \mathbb{C} | \, |\lambda - a_{ii}| \leq r_i\}$$

Gerschgorin-Kreisscheibe von A.

Der folgende Satz wird in der numerischen linearen Algebra bewiesen (z. B. [36]).

3.4.7 Satz (Satz von Gerschgorin)

Es sei A eine (n, n)-Matrix mit Einträgen aus $\mathbb{C}$. Dann liegen alle Eigenwerte von A in der Menge

$$\bigcup_{i=1}^{n} \{\lambda \in \mathbb{C} \mid |\lambda - a_{ii}| \leq r_i\}.$$

3.4.8 Beispiel

Für

$$A = \begin{pmatrix} 1 & 2 & 1 \\ 3 & 0 & 0 \\ -1 & 1 & -2 \end{pmatrix}$$

gilt $r_1 = 3$, $r_2 = 3$ und $r_3 = 2$. Die Gerschgorin-Kreisscheiben lauten also $\{\lambda \in \mathbb{C} \mid |\lambda - 1| \leq 3\}$, $\{\lambda \in \mathbb{C} \mid |\lambda| \leq 3\}$ und $\{\lambda \in \mathbb{C} \mid |\lambda + 2| \leq 2\}$ (Abb. 3.13). Tatsächlich berechnen sich die Eigenwerte von A zu $\lambda_1 = 3$ und $\lambda_{2/3} = -2 \pm i$. ◄

Da für $f \in C^2$ die Hesse-Matrix $A = D^2 f(x)$ nicht nur reelle Einträge hat, sondern auch symmetrisch ist, liefert ein Ergebnis der linearen Algebra, dass auch alle Eigenwerte von A *reell* sind [21]. Die Betrachtung von Gerschgorin-Kreisscheiben in der komplexen Zahlenebene ist für unsere Zwecke also gar nicht nötig, sondern anstelle der Kreisscheiben kann man ihre Schnitte mit der reellen Achse, die *Gerschgorin-Intervalle* $[a_{ii} - r_i, a_{ii} + r_i]$, benutzen.

Abb. 3.13 Gerschgorin-Kreisscheiben

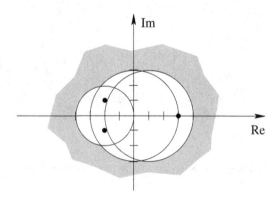

3.4.9 Korollar

Es sei A eine symmetrische (n, n)-Matrix mit Einträgen aus $\mathbb{R}$. Dann liegen alle Eigenwerte von A in der Menge

$$\bigcup_{i=1}^{n} [a_{ii} - r_i , \; a_{ii} + r_i].$$

3.4.10 Beispiel

Für die symmetrische Matrix

$$A = \begin{pmatrix} 1 & 2 & -1 \\ 2 & 0 & 0 \\ -1 & 0 & -2 \end{pmatrix}$$

gilt $r_1 = 3$, $r_2 = 2$ und $r_3 = 1$. Die Gerschgorin-Intervalle lauten also $[-2, 4]$, $[-2, 2]$ und $[-3, -1]$ (Abb. 3.14). Die tatsächlichen Eigenwerte sind $\lambda_1 \approx -2.5$, $\lambda_2 \approx -1.2$ und $\lambda_3 \approx 2.7$.◄

3.4.11 Übung   Darf man in Korollar 3.4.9 die Menge $\bigcup_{i=1}^{n} [a_{ii} - r_i , \; a_{ii} + r_i]$ durch das Intervall $[\min_{i=1,...,n} (a_{ii} - r_i), \max_{i=1,...,n} (a_{ii} + r_i)]$ ersetzen? Wenn ja, warum ist dies gegebenenfalls aber nicht ratsam?

Eine Unterschranke für alle Eigenwerte und damit auch für $\lambda_{\min}$ ist jedenfalls die kleinste der Intervall untergrenzen:

$$\lambda_{\min} \geq \min_{i=1,...,n} (a_{ii} - r_i).$$

Berücksichtigt man wieder die x-Abhängigkeit, also $A(x) = D^2 f(x)$, so folgt

$$\forall x \in X : \quad \lambda_{\min}(x) \geq \min_{i=1,...,n} (a_{ii}(x) - r_i(x))$$

mit

Abb. 3.14 Gerschgorin-
Intervalle

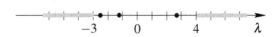

$$\begin{array}{ccc} -3 & 0 & 4 \qquad \lambda \end{array}$$

$$r_i(x) = \sum_{\substack{j=1 \\ j \neq i}}^{n} |a_{ij}(x)|, \quad i = 1, \ldots, n.$$

Wegen Übung 1.3.3a erhalten wir daraus

$$\min_{x \in X} \lambda_{\min}(x) \geq \min_{x \in X} \min_{i=1,\ldots,n} (a_{ii}(x) - r_i(x)) = \min_{i=1,\ldots,n} \min_{x \in X} (a_{ii}(x) - r_i(x)).$$

Dies ist die gewünschte funktionale Beschreibung einer Unterschranke für den kleinsten Eigenwert von $D^2 f$ auf X.

Per Intervallarithmetik generieren wir nun an diese theoretische Unterschranke wie folgt eine weitere, aber berechenbare Unterschranke. Falls alle Einträge a_{ij} von $D^2 f$ faktorisierbar sind, bilden wir zu ihnen natürliche Intervallerweiterungen A_{ij} sowie Intervallerweiterungen R_i von r_i, wählen für jedes $i = 1, \ldots, n$

$$\beta_i := \underline{A_{ii}(X) - R_i(X)}$$

und setzen $\beta := \min_{i=1,\ldots,n} \beta_i$. Dann gilt $\beta \leq \min_{x \in X} \lambda_{\min}(x)$.

Als natürliche Intervallerweiterung der in den Funktionen r_i auftretenden Betragsfunktion $\text{abs}(x) := |x|$ auf $\mathbb{R}$ benutzen wir dabei

$$\text{ABS}([\underline{x}, \overline{x}]) = \begin{cases} \left[\min\{|\underline{x}|, |\overline{x}|\}, \max\{|\underline{x}|, |\overline{x}|\}\right], & \text{falls } 0 \notin [\underline{x}, \overline{x}] \\ \left[0, \max\{|\underline{x}|, |\overline{x}|\}\right], & \text{falls } 0 \in [\underline{x}, \overline{x}], \end{cases}$$

also

$$A_{ii}(X) - R_i(X) = A_{ii}(X) - \sum_{\substack{j=1 \\ j \neq i}}^{n} \text{ABS}(A_{ij}(X)).$$

Damit gilt expliziter für jedes $i = 1, \ldots, n$

$$\beta_i = \underline{A_{ii}(X) - R_i(X)} = \underline{A_{ii}(X)} - \overline{R_i(X)}$$

$$= \underline{A_{ii}(X)} - \sum_{\substack{j=1 \\ j \neq i}}^{n} \overline{\text{ABS}(A_{ij}(X))}$$

$$= \underline{A_{ii}(X)} - \sum_{\substack{j=1 \\ j \neq i}}^{n} \max\left\{|\underline{A}_{ij}(X)|, |\overline{A}_{ij}(X)|\right\},$$

und wir haben den folgenden Satz gezeigt.

3.4.12 Satz (αBB-Relaxierung einer Funktion)

Für $f \in C^2(X, \mathbb{R})$ *seien alle Einträge* a_{ij} *von* $D^2 f$ *faktorisierbar mit natürlichen Intervallerweiterungen* A_{ij}. *Dann ist mit*

$$\beta_i := \underline{A}_{ii}(X) - \sum_{\substack{j=1 \\ j \neq i}}^{n} \max \left\{ |\underline{A}_{ij}(X)|, |\overline{A}_{ij}(X)| \right\}, \quad i = 1, \ldots, n,$$

$$\beta := \min_{i=1,\ldots,n} \beta_i,$$

$$\alpha := \max\{0, -\beta\}$$

die Funktion $\widehat{f}_\alpha := f + \alpha \psi$ *eine konvexe Relaxierung von* f *auf* X.

Es sei darauf hingewiesen, dass die Berechnung aus Satz 3.4.12 durchaus den Wert $\alpha = 0$ ergeben kann. Dann hat man algorithmisch nachgewiesen, dass f mit seiner konvexen Relaxierung $\widehat{f}_0$ übereinstimmt, selbst also eine auf X konvexe Funktion ist. Dies kann sinnvoll sein, wenn die Konvexität von f zwar nicht zu erwarten, aber auch nicht ausgeschlossen ist. Die Minimierung von f auf X kann nach einem solchen algorithmischen Nachweis der Konvexität natürlich mit den Techniken aus Kap. 2 erfolgen.

3.5 Gleichmäßig verfeinerte Gitter

Wir wenden uns nun der Frage zu, wie man die in Abschn. 3.4 konstruierten konvexen Relaxierungen zweimal stetig differenzierbarer Funktionen auf Boxen zur algorithmischen Lösung globaler Optimierungsprobleme verwenden kann.

3.5.1 Beispiel

Wir betrachten nochmals die Funktion $f(x) = x^3 - x$ auf $X = [-1, 1]$ aus Beispiel 3.4.4 und bezeichnen den globalen Minimalwert von

$$P: \quad \min \ f(x) \quad \text{s.t.} \quad x \in X$$

mit v. Anstatt v mit Hilfe von Optimalitätsbedingungen zu berechnen, versuchen wir im Folgenden, gute *Schranken* an v anzugeben.

Oberschranke
Oberschranken an Optimalwerte erhält man immer durch Einsetzen irgendeines zulässigen Punkts in die Zielfunktion, denn es gilt ja

$$\forall x \in X : \quad v \leq f(x).$$

Eine Möglichkeit dafür, wenn auch womöglich nicht die geschickteste, ist im vorliegenden Beispiel $v \leq f(0) = 0$.

Unterschranke

Nach Satz 3.2.5a gilt $v \geq \widehat{v}$, wobei $\widehat{v}$ Minimalwert von

$$\widehat{P} : \quad \min \widehat{f}(x) \quad \text{s.t.} \quad x \in X$$

mit irgendeiner konvexen Relaxierung $\widehat{f}$ von f auf X ist (da die zulässige Menge X bereits eine konvexe Menge ist). In Beispiel 3.4.4 haben wir gesehen, dass $\widehat{f}(x) = x^3 + 3x^2 - x - 3$ eine solche konvexe Relaxierung von f auf X ist. Die kritischen Punkte von $\widehat{f}$ auf ganz $\mathbb{R}$ berechnen sich aus

$$0 = \widehat{f}'(x) = 3x^2 + 6x - 1$$

zu

$$x_{1/2} = -1 \pm \sqrt{1 + \frac{1}{3}} = -1 \pm \frac{2}{\sqrt{3}}.$$

Einziger kritischer Punkt in X ist also $\widehat{x} = 2/\sqrt{3} - 1$ mit $\widehat{f}(\widehat{x}) > -3.08$. Damit haben wir einen KKT-Punkt des konvexen Problems $\widehat{P}$ gefunden und brauchen die Randpunkte von X nicht mehr zu untersuchen. Der Punkt $\widehat{x} = 2/\sqrt{3} - 1$ ist also globaler Minimalpunkt von $\widehat{P}$ mit $\widehat{v} > -3.08$. Dies liefert für v die Unterschranke $v \geq -3.08$.

Insgesamt erhalten wir so die Einschließung $v \in [-3.08, 0]$ für den Optimalwert von P.
◄

Anstatt eine Oberschranke an v mit *irgend*einem Punkt $x \in X$ zu bestimmen (wie $x = 0$ in Beispiel 3.5.1), gibt es bessere Alternativen:

- Bestimme mit einem Verfahren der nichtlinearen Optimierung [34] einen lokalen Minimalpunkt x^{lok} von f auf X. Dann gilt $v \leq v^{\text{lok}} := f(x^{\text{lok}})$, und man kann zumindest die Hoffnung hegen, damit eine gute Oberschranke von v zu erzielen. In Beispiel 3.5.1 liefert dieser Ansatz folgende Verbesserung: Aus $0 = f'(x) = 3x^2 - 1$ folgt nach den üblichen Berechnungen beispielsweise $x^{\text{lok}} = 1/\sqrt{3}$ mit $v^{\text{lok}} = (1/\sqrt{3})^3 - 1/\sqrt{3} < -0.38$, also die Einschließung $v \in [-3.08, -0.38]$. Es gibt aber auch den weiteren lokalen Minimalpunkt $x^{\text{lok}} = -1$, der auf die schlechtere Oberschranke $v^{\text{lok}} = (-1)^3 - (-1) = 0$ führt. Ob man mit einem Verfahren der nichtlinearen Optimierung einen „guten" lokalen Minimalpunkt findet, ist leider nicht gesichert.
- Setze $\widehat{x}$ in f ein, in der Hoffnung, dass ein globaler Minimalpunkt der Relaxierung auch für die Originalfunktion einen niedrigen Wert liefert:

$$v \leq f(\widehat{x}).$$

In Beispiel 3.5.1 führt dies zu $(2/\sqrt{3} - 1)^3 - (2/\sqrt{3} - 1) < -0.15$ und damit auf die Einschließung $v \in [-3.08, -0.15]$.

Während man bei der ersten der obigen Alternativen mit gewissem Aufwand (Anwendung eines Verfahrens der nichtlinearen Optimierung) häufig eine gute Oberschranke für v findet, bestehen die Vorteile der zweiten Alternative darin, dass sie zum einen mit wenig Aufwand zu realisieren ist (nämlich durch eine Funktionsauswertung) und dass man bei αBB-Relaxierungen zum anderen etwas über den Abstand von Ober- und Unterschranke weiß. Es gilt nämlich

$$v \in [\widehat{v}, f(\widehat{x})] = \left[\widehat{f_\alpha}(\widehat{x}), f(\widehat{x})\right]$$

mit

$$w([\widehat{v}, f(\widehat{x})]) = f(\widehat{x}) - \widehat{f_\alpha}(\widehat{x}) \leq \max_{x \in X}\left(f(x) - \widehat{f_\alpha}(x)\right) \overset{\text{Lemma 3.4.2c}}{=} \frac{\alpha}{8} w(X)^2.$$

Damit ist folgendes Ergebnis gezeigt.

3.5.2 Satz

Es seien $X \in \mathbb{R}^n$, $f \in C^2(X, \mathbb{R})$, $D^2 f$ faktorisierbar, v der globale Minimalwert von

$$P: \quad \min f(x) \quad \text{s.t.} \quad x \in X,$$

$\widehat{f_\alpha}$ eine per Satz 3.4.12 konstruierte konvexe Relaxierung von f auf X, $\widehat{x}$ ein globaler Minimalpunkt von $\widehat{f_\alpha}$ auf X sowie $\widehat{v}$ der Minimalwert $\widehat{f_\alpha}(\widehat{x})$. Dann gilt die Einschließung

$$v \in [\widehat{v}, f(\widehat{x})] \quad \text{mit} \quad w([\widehat{v}, f(\widehat{x})]) \leq \frac{\alpha}{8} w(X)^2.$$

Satz 3.5.2 impliziert umso bessere Schranken für v, je kleiner die Box X ist, und zwar *unabhängig* davon, wie grob α gewählt ist. Für $w(X) \to 0$ gilt dann sogar $\widehat{v} \nearrow v$ (wegen der Konvexität von X und Satz 3.2.5d steht dies *nicht* im Widerspruch zu Satz 3.2.5c).

Da X fest vorgegeben ist, dürfen wir zwar die Größe von X nicht ändern, aber wir können X in kleinere Boxen *unterteilen* (Abb. 3.15).

Abb. 3.15 Parkettierung einer
Box

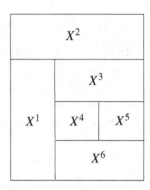

3.5.3 Definition (Parkettierung)
Für $k \in \mathbb{N}$ bilden die Boxen $X^1, \ldots, X^k \in \mathbb{R}^n$ eine *Parkettierung* der Box $X \in \mathbb{R}^n$,
falls
a) $\bigcup_{\ell=1}^{k} X^\ell = X$ und
b) $\forall j \neq \ell : \operatorname{int}(X^j) \cap \operatorname{int}(X^\ell) = \emptyset$
gilt.

Zu jeder Parkettierung von X gibt es (mindestens) eine Teilbox $X^{\ell_{\mathrm{glob}}}$, die einen globalen
Minimalpunkt x^{glob} von f auf X enthält. Man findet den globalen Minimalwert also, indem
man alle Minimalwerte von f auf X^ℓ, $\ell = 1, \ldots, k$, miteinander vergleicht:

$$v = \min_{x \in X} f(x) = \min_{x \in \bigcup_{\ell=1}^{k} X^\ell} f(x) = \min_{\ell=1,\ldots,k} \min_{x \in X^\ell} f(x),$$

wobei wir Übung 1.3.4 benutzt haben.

Mit der Definition $v^\ell := \min_{x \in X^\ell} f(x)$ können wir dies auch als $v = \min_{\ell=1,\ldots,k} v^\ell$
schreiben, was in Abb. 3.16 für $n = 1$ und $k = 4$ illustriert ist.

Grundidee des Folgenden ist es, nun auf *jeder* Teilbox X^ℓ Unterschranken $\widehat{v}^\ell$ an v^ℓ per
αBB-Methode zu berechnen. Aus $v = \min_{\ell=1,\ldots,k} v^\ell$ und $v^\ell \geq \widehat{v}^\ell$, $\ell = 1, \ldots, k$, folgt dann

$$v \geq \min_{\ell=1,\ldots,k} \widehat{v}^\ell.$$

Da die Teilboxen X^ℓ, $\ell = 1, \ldots, k$, kleiner als X sind, sollte diese Unterschranke an v besser
(d. h. größer) als ein $\widehat{v}$ sein, das wie in Satz 3.5.2 für die gesamte Box X berechnet wird.

Zur Berechnung der $\widehat{v}^\ell$ sei

$$\forall \ell = 1, \ldots, k : \quad \widehat{f}_{\alpha_\ell}^\ell(x) := f(x) + \frac{\alpha_\ell}{2}(\underline{x}^\ell - x)^\top (\overline{x}^\ell - x)$$

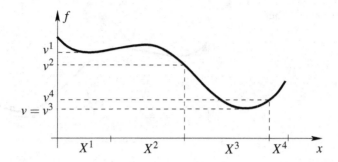

Abb. 3.16 Minimalwerte auf Teilboxen

mit

$$\alpha_\ell \geq \max\left\{0, \, -\min_{x \in X^\ell} \lambda_{\min}(x)\right\}$$

eine konvexe Relaxierung von f auf X^ℓ.

Falls ein $\alpha \geq \max\{0, \, -\min_{x \in X} \lambda_{\min}(x)\}$ bekannt ist, dann darf man auch $\alpha_\ell := \alpha$ für alle $\ell = 1, \ldots, k$ setzen, denn man erhält

$$X^\ell \subseteq X \Rightarrow \min_{x \in X^\ell} \lambda_{\min}(x) \geq \min_{x \in X} \lambda_{\min}(x)$$

$$\Rightarrow \max\left\{0, \, -\min_{x \in X^\ell} \lambda_{\min}(x)\right\} \leq \max\left\{0, \, -\min_{x \in X} \lambda_{\min}(x)\right\} \leq \alpha.$$

Im Folgenden benutzen wir der Einfachheit halber diese Wahl ($\alpha_\ell := \alpha$ für alle ℓ), obwohl die Bestimmung von neuen α_ℓ für alle X^ℓ zu besseren Schranken führen könnte. Es seien also

$$\widehat{f}_\alpha^\ell(x) \; = \; f(x) + \frac{\alpha}{2}(\underline{x}^\ell - x)^\mathsf{T}(\overline{x}^\ell - x),$$

$\widehat{x}^\ell$ ein globaler Minimalpunkt von $\widehat{f}_\alpha^\ell$ auf X^ℓ und $\widehat{v}^\ell$ der zugehörige Minimalwert. Dann gilt nach Satz 3.5.2 für alle $\ell = 1, \ldots, k$

$$v^\ell \in [\widehat{v}^\ell, f(\widehat{x}^\ell)] \quad \text{mit} \quad w([\widehat{v}^\ell, f(\widehat{x}^\ell)]) \leq \frac{\alpha}{8} \, w(X^\ell)^2 \,.$$

Wie oben bereits gesehen, bildet der Ausdruck $\min_{\ell=1,\ldots,k} \widehat{v}^\ell$ eine Unterschranke an v. Um ihn genauer untersuchen zu können, konzentrieren wir uns auf einen Index $\ell_\star$, an dem das Minimum der $\widehat{v}^\ell$ realisiert wird. Es seien also $\widehat{v}^{\ell_\star} = \min_{\ell=1,\ldots,k} \widehat{v}^\ell$ und $\widehat{x}^{\ell_\star}$ ein globaler Minimalpunkt von $\widehat{f}_\alpha^{\ell_\star}$ in $X^{\ell_\star}$. Dann folgt $v \geq \widehat{v}^{\ell_\star}$ und wegen $\widehat{x}^{\ell_\star} \in X$ auch $v \leq f(\widehat{x}^{\ell_\star})$ (Abb. 3.17 illustriert, dass aber nicht notwendigerweise $v = v^{\ell_\star}$ gilt, dass $X^{\ell_\star}$ also keinen globalen Minimalpunkt von f auf X zu enthalten braucht). Insgesamt erhalten wir

Abb. 3.17 Relaxierungen auf
Teilboxen

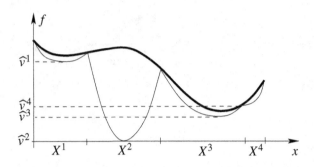

$$v \in [\widehat{v}^{\ell *}, f(\widehat{x}^{\ell *})] \quad \text{mit} \quad w([\widehat{v}^{\ell *}, f(\widehat{x}^{\ell *})]) \leq \frac{\alpha}{8}\, w(X^{\ell *})^2 .$$

Daher sind wir in der Lage, die Genauigkeit der Berechnung von v (d. h. die Länge des Einschließungsintervalls für v) über die Boxgrößen zu *steuern*: Mit einer vom Benutzer vorgegebenen Toleranz $\varepsilon > 0$ gilt $w([\widehat{v}^{\ell *}, f(\widehat{x}^{\ell *})]) \leq \varepsilon$ sicher dann, wenn man im Fall $\alpha > 0$ für die Boxweite von $X^{\ell *}$ die Abschätzung

$$w(X^{\ell *}) \leq \sqrt{\frac{8\varepsilon}{\alpha}}$$

garantieren kann. Im (uninteressanten) Fall $\alpha = 0$ spielt die Boxweite keine Rolle, und jede Toleranz $\varepsilon > 0$ wird eingehalten.

Eine kleine Länge des Einschließungsintervalls für v impliziert ihrerseits das folgende Ergebnis.

3.5.4 Lemma
Der Wert $\widehat{v}^{\ell *}$ und der Punkt $\widehat{x}^{\ell *}$ seien berechnet wie oben, und mit einem $\varepsilon > 0$ gelte $w([\widehat{v}^{\ell *}, f(\widehat{x}^{\ell *})]) \leq \varepsilon$. Dann erfüllt der Punkt $\widetilde{x} := \widehat{x}^{\ell *}$ die Bedingungen

$$\widetilde{x} \in X \quad und \quad v \leq f(\widetilde{x}) \leq v + \varepsilon,$$

ist also ein ε-optimaler zulässiger Punkt von P.

Beweis Wegen $\widetilde{x} = \widehat{x}^{\ell *} \in X^{\ell *} \subseteq X$ gelten die Bedingungen $\widetilde{x} \in X$ und $v \leq f(\widetilde{x})$. Aus

$$\varepsilon \geq w([\widehat{v}^{\ell *}, f(\widehat{x}^{\ell *})]) = f(\widetilde{x}) - \widehat{v}^{\ell *} \geq f(\widetilde{x}) - v$$

folgt außerdem $f(\widetilde{x}) \leq v + \varepsilon$. $\square$

Wenn wir die vorausgehenden Ideen algorithmisch umsetzen könnten, würden wir also zu jeder vorgegebenen Toleranz ε ein Einschließungsintervall der Höchstlänge ε für v und einen

ε-optimalen zulässigen Punkt im Sinne von Lemma 3.5.4 erzeugen können. Mehr lässt sich von einem numerischen Algorithmus zur globalen Optimierung nicht erwarten.

Zur dafür zentralen Generierung einer hinreichend kleinen Box X^{ℓ_*} verfolgen wir zunächst den Ansatz, X *gleichmäßig* in Teilboxen $X^1, \ldots, X^k$ zu parkettieren, etwa durch rekursive Unterteilung der Boxen an ihren Mittelpunkten $m(X^\ell) = (\underline{x}^\ell + \overline{x}^\ell)/2, \ell = 1, \ldots, k$.

3.5.5 Beispiel

Für $n = 2$ betrachten wir die Box $X = [\underline{x}, \overline{x}]$ in Abb. 3.18. Nach einem gleichmäßigen Unterteilungsschritt am Boxmittelpunkt gilt für die vier entstandenen Teilboxen

$$\forall\, \ell = 1, \ldots, 4: \quad w(X^\ell) = \frac{w(X)}{2}$$

und nach einem weiteren Verfeinerungsschritt

$$\forall\, \ell = 1, \ldots, 16: \quad w(X^\ell) = \frac{w(X)}{4}.$$

Nach r Verfeinerungsschritten haben alle Boxen entsprechend die Weite $w(X)/2^r$. Insbesondere folgt für die Box X^{ℓ_*}

Abb. 3.18 Gleichmäßige Unterteilung an Boxmittelpunkten

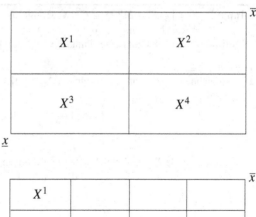

$$f(\widehat{x}^{\ell_\star}) - \widehat{v}^{\ell_\star} \le \frac{\alpha}{8} \, w(X^{\ell_\star})^2 = \frac{\alpha}{8} \, \frac{w(X)^2}{4^r}.$$

Um eine Toleranz $\varepsilon > 0$ in der Berechnung von v zu erreichen, reicht es (im Fall $\alpha > 0$) also, genügend oft zu verfeinern, d. h. r hinreichend groß zu wählen:

$$\frac{\alpha}{8} \, \frac{w(X)^2}{4^r} \overset{!}{\le} \varepsilon \;\; \Leftrightarrow \;\; \left(\frac{1}{4}\right)^r \le \frac{8\varepsilon}{\alpha w(X)^2} \;\; \Leftrightarrow \;\; r \ge \log\left(\frac{8\varepsilon}{\alpha w(X)^2}\right) / \log\left(\frac{1}{4}\right).$$

Das minimale $r \in \mathbb{N}$ mit dieser Eigenschaft lautet

$$r = \left\lceil \log\left(\frac{8\varepsilon}{\alpha w(X)^2}\right) / \log\left(\frac{1}{4}\right) \right\rceil,$$

wobei $\lceil a \rceil$ die *obere Gauß-Klammer* von a, also das kleinste $z \in \mathbb{N}$ mit $z \ge a$ bezeichnet.
◄

Man macht sich leicht klar, dass die Berechnung von r in Beispiel 3.5.5 nicht von der Dimension n abhängt. Damit können wir den Algorithmus 3.2 zur globalen Minimierung von f auf X formulieren.

Algorithmus 3.2: Globale Minimierung einer boxrestringierten Funktion per gleichmäßiger Gitterverfeinerung

---

Input : $X = [\underline{x}, \overline{x}] \in \mathbb{R}^n$, $f \in C^2(X, \mathbb{R})$ mit faktorisierbarer Hesse-Matrix $D^2 f$,
        Abbruchtoleranz $\varepsilon > 0$
Output : ε-optimaler zulässiger Punkt $\widetilde{x}$ von f auf X, d.h. $\widetilde{x} \in X$ mit $v \le f(\widetilde{x}) \le v + \varepsilon$

1 **begin**
2   Berechne ein $\alpha \ge \max\{0, -\min_{x \in X} \lambda_{\min}(x)\}$.
3   Setze

$$r = \begin{cases} \left\lceil \log\left(\frac{8\varepsilon}{\alpha w(X)^2}\right) / \log\left(\frac{1}{4}\right) \right\rceil, & \text{falls } \alpha > 0 \\ 0, & \text{falls } \alpha = 0 \end{cases}$$

   und unterteile X r-mal gleichmäßig in Teilboxen $X^1, \dots, X^k$.
4   Berechne für jedes $\ell = 1, \dots, k$ den Minimalwert $\widehat{v}^\ell$ von

$$\widehat{f}^\ell_\alpha(x) = f(x) + \frac{\alpha}{2}(\underline{x}^\ell - x)^\mathsf{T}(\overline{x}^\ell - x)$$

   auf X^ℓ (z. B. mit einem Verfahren aus Abschnitt 2.8).
5   Wähle ein $\ell_\star$ mit $\widehat{v}^{\ell_\star} = \min_{\ell=1,\dots,k} \widehat{v}^\ell$.
6   Falls in Zeile 4 noch nicht geschehen, berechne einen Minimalpunkt $\widehat{x}^{\ell_\star}$ von $\widehat{f}^{\ell_\star}_\alpha$ auf $X^{\ell_\star}$.
7   Setze $\widetilde{x} := \widehat{x}^{\ell_\star}$.
8 **end**

Algorithmus 3.2 ist zwar recht einfach, für die Praxis aber leider meist nicht empfehlenswert, da die Anzahl k der Boxen beim Verfeinern in Zeile 3 exponentiell wächst: Es gilt $k = (2^n)^r$. Für kleine Toleranzen ε müsste man daher in Zeile 4 eine üblicherweise nicht handhabbar große Anzahl von Teilproblemen lösen.

3.5.6 Beispiel

Für $n = 3$ betrachten wir die „Einheitsbox"

$$X = \left[-\begin{pmatrix}1\\1\\1\end{pmatrix}, \begin{pmatrix}1\\1\\1\end{pmatrix}\right]$$

mit Weite $w(X) = 2\sqrt{3}$. Für die (nicht ungewöhnlichen) Parameterwahlen $\alpha = 1$ und $\varepsilon = 10^{-3}$ folgt dann

$$r = \left\lceil \log\left(\frac{8\varepsilon}{\alpha w(X)^2}\right) / \log\left(\frac{1}{4}\right)\right\rceil = 6.$$

Damit erfordert die Ausführung von Algorithmus 3.2 eine Verfeinerung von X in $(2^3)^6 = 262.144$ Teilboxen. ◀

3.6 Branch-and-Bound für boxrestringierte Probleme

In diesem Abschnitt geben wir ein *praxistaugliches* Verfahren an, das für boxrestringierte Probleme

$$P: \quad \min f(x) \quad \text{s.t.} \quad x \in X$$

mit $X \in \mathbb{R}^n$, $f \in C^2(X, \mathbb{R})$, faktorisierbarer zweiter Ableitung $D^2 f$ und für jede Toleranz $\varepsilon > 0$ in üblicherweise „handhabbar endlich vielen" Schritten einen ε-optimalen zulässigen Punkt von P erzeugt. Es basiert auf den Überlegungen aus Abschn. 3.5, jedoch ohne die Parkettierung von X durch gleichmäßige Verfeinerung zu konstruieren.

Hauptmotivation für das Folgende ist, die Anzahl der Teilboxen stattdessen so klein wie möglich zu halten. Wesentliche Strategien dazu sind:

- In jedem Schritt wird nur *eine* Teilbox verfeinert, und diese wird nur *halbiert* (Branching).
- Die Berechnung von Schranken auf den Teilboxen (Bounding) ermöglicht die „vielversprechendste" Wahl der zu unterteilenden Teilbox sowie den Ausschluss von Boxen, in denen garantiert keine besseren als die bereits bekannten zulässigen Punkte liegen (Ausloten, Pruning oder Fathoming). Im Gegensatz zur *gleichmäßigen* Gitterverfeinerung aus Abschn. 3.5 führt dies zu einer *adaptiven* Gitterverfeinerung.

Diese Strategien betrachten wir im Folgenden ausführlicher.

Halbierung von Boxen

Die Box $X^\ell = [\underline{x}^\ell, \overline{x}^\ell]$ mit $\ell \in \{1, \ldots, k\}$ sei in zwei gleich große Teilboxen zu zerlegen. Dazu definieren wir zunächst die eindimensionalen Intervalle $X_i^\ell = [\underline{x}_i^\ell, \overline{x}_i^\ell]$, $i = 1, \ldots, n$, so dass

$$X^\ell = X_1^\ell \times \ldots \times X_n^\ell \tag{3.2}$$

gilt. Nun wähle ein $i \in \{1, \ldots, n\}$ und definiere $X^{\ell,1}$ als diejenige Box, die aus (3.2) hervorgeht, wenn dort X_i^ℓ durch das Intervall $[\underline{x}_i^\ell, m(X_i^\ell)]$ ersetzt wird, sowie $X^{\ell,2}$ als diejenige Box, die aus (3.2) hervorgeht, wenn dort X_i^ℓ durch das Intervall $[m(X_i^\ell), \overline{x}_i^\ell]$ ersetzt wird. Ausgeschrieben bedeutet dies

$$X^{\ell,1} = \left[\begin{pmatrix} \underline{x}_1^\ell \\ \vdots \\ \underline{x}_i^\ell \\ \vdots \\ \underline{x}_n^\ell \end{pmatrix}, \begin{pmatrix} \overline{x}_1^\ell \\ \vdots \\ \frac{\underline{x}_i^\ell + \overline{x}_i^\ell}{2} \\ \vdots \\ \overline{x}_n^\ell \end{pmatrix} \right], \quad X^{\ell,2} = \left[\begin{pmatrix} \underline{x}_1^\ell \\ \vdots \\ \frac{\underline{x}_i^\ell + \overline{x}_i^\ell}{2} \\ \vdots \\ \underline{x}_n^\ell \end{pmatrix}, \begin{pmatrix} \overline{x}_1^\ell \\ \vdots \\ \overline{x}_i^\ell \\ \vdots \\ \overline{x}_n^\ell \end{pmatrix} \right].$$

Abb. 3.19 zeigt die Halbierung einer Box $X^\ell \in \mathbb{R}^2$ mit den Wahlen $i = 1$ und $i = 2$.

Abb. 3.19 Halbierung einer Box

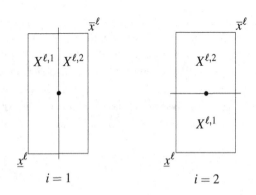

$$i = 1 \qquad\qquad i = 2$$

Je nach Auswahlregel für $i \in \{1, \ldots, n\}$ können die neuen Boxen „lang gezogen" (bei Halbierung der kürzesten Kante) oder „eher würfelförmig" (bei Halbierung der längsten Kante) werden. Beispielsweise durch sukzessive Halbierung entlang der kürzesten Kante können wir allerdings nicht dafür sorgen, dass die *Weiten* der entstehenden Boxen gegen null gehen. Im Folgenden halbieren wir Boxen daher immer entlang der (bzw. einer) längsten Kante, wählen also ein $i \in \{1, \ldots, n\}$ mit

$$\overline{x}_i^\ell - \underline{x}_i^\ell = \max_{j=1,\ldots,n} \left(\overline{x}_j^\ell - \underline{x}_j^\ell \right) \quad (= \|\overline{x}^\ell - \underline{x}^\ell\|_\infty).$$

Zu welcher Reduktion der Boxweiten diese Halbierungsregel führt, werden wir in Lemma 3.6.1 sehen.

Wie Boxen sukzessive aufgeteilt werden, lässt sich an einem Verzweigungsbaum veranschaulichen. Abb. 3.20 zeigt die Aufteilung der Box X in die zwei Teilboxen X^1 und X^2, von denen X^1 wiederum in $X^{1,1}$ und $X^{1,2}$ sowie $X^{1,2}$ in $X^{1,2,1}$ und $X^{1,2,2}$ geteilt werden. Zu einem späteren Zeitpunkt im Verfahren könnte dann auch X^2 geteilt werden usw. Eine genaue Adressierung der Knoten des Baums wie in Abb. 3.20 werden wir im Folgenden nicht benötigen, sondern nur die Tatsache, dass der Verzweigungsbaum binär ist, dass also jeder Knoten höchstens zwei Kinder und genau einen Elternknoten besitzt (außer der Wurzel, die der Box X entspricht). Je tiefer man in den Baum absteigt, desto kleiner werden offenbar die Teilboxen.

Schranken

Die Hauptidee zur Verringerung der Anzahl betrachteter Teilboxen basiert auf der Kenntnis irgendeines zulässigen Referenzpunkts $\widetilde{x} \in X$, etwa des Boxmittelpunkts $m(X)$. Sein Zielfunktionswert $\widetilde{v} = f(\widetilde{x})$ bildet zunächst natürlich eine Oberschranke für v. Der Wert $\widetilde{v}$ kann aber auch dazu benutzt werden, gewisse Teilboxen X^ℓ von der weiteren Betrachtung auszuschließen. Gilt nämlich $\widetilde{v} \le v^\ell$, so folgt daraus

Abb. 3.20 Verzweigungsbaum

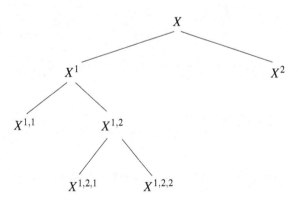

$$f(\widetilde{x}) \;=\; \widetilde{v} \;\leq\; v^{\ell} \;=\; \min_{x \in X^{\ell}} f(x)$$

und damit $f(\widetilde{x}) \leq f(x)$ für alle $x \in X^{\ell}$. Also enthält die Teilbox X^{ℓ} keinen Punkt x mit besserem Zielfunktionswert als $\widetilde{x}$ und braucht nicht weiter betrachtet zu werden. Schlimmstenfalls ist $\widetilde{x}$ bereits ein (noch nicht als solcher erkannter) globaler Minimalpunkt, und wir verwerfen eine Teilbox X^{ℓ}, die möglicherweise einen weiteren globalen Minimalpunkt enthält. Da wir aber nicht die Menge aller globalen Minimalpunkte, sondern nur einen von ihnen approximieren möchten, ist dies kein Problem.

Anstelle der Ungleichung $\widetilde{v} \leq v^{\ell}$ mit dem schwer berechenbaren Wert v^{ℓ} lässt sich als hinreichendes Kriterium zum Ausloten der Box X^{ℓ} auch die Ungleichung $\widetilde{v} \leq \widehat{v}^{\ell}$ nutzen, denn wegen $\widehat{v}^{\ell} \leq v^{\ell}$ impliziert sie $\widetilde{v} \leq v^{\ell}$ und somit die obigen Argumente.

Für die Funktion f in Abb. 3.21 lässt sich daher die Box X^{ℓ_1} ausloten. Die Box X^{ℓ_2} enthält zwar ebenfalls keine Punkte x mit besserem Zielfunktionswert als $\widetilde{x}$, allerdings lässt sich dies anhand der (dafür zu groben) Unterschranke $\widehat{v}^{\ell_2}$ nicht entscheiden.

Offensichtlich lassen sich umso mehr Teilboxen ausloten, je kleiner die Schranke $\widetilde{v}$ ist. Daher passt man sie im Laufe des Verfahrens jedes Mal an, wenn ein zulässiger Punkt $x' \in X$ mit besserem Zielfunktionswert als $\widetilde{x}$, also $f(x') < f(\widetilde{x}) = \widetilde{v}$, generiert wird. Den vorher besten bekannten zulässigen Punkt $\widetilde{x}$ ersetzt man dann durch den neuen Referenzpunkt x' sowie $\widetilde{v}$ durch $f(x')$. So kann man in der Situation von Abb. 3.21 $x' := \widehat{x}^{\ell_3}$ setzen. Nach der entsprechenden Anpassung von $\widetilde{v}$ auf $f(\widehat{x}^{\ell_3})$ wird es möglich, auch die Box X^{ℓ_2} auszuloten.

Ein weiterer Effekt dieser Anpassung des Werts von $\widetilde{v}$ ist, dass er eine immer genauere Oberschranke für v bildet. Um auch eine Unterschranke für v zu erhalten, berechnen wir zur gegebenen Parkettierung $X^1, \ldots, X^k$ wieder das Minimum aller Minimalwerte $\widehat{v}^{\ell}$ von $\widehat{f}_{\alpha}^{\ell}$ auf X^{ℓ}, d. h., wir bestimmen ein $\ell_{\star}$ mit $\widehat{v}^{\ell_{\star}} = \min_{\ell=1,\ldots,k} \widehat{v}^{\ell}$. Dann gilt $v \in [\widehat{v}^{\ell_{\star}}, \widetilde{v}]$. Falls die Länge $w([\widehat{v}^{\ell_{\star}}, \widetilde{v}]) = \widetilde{v} - \widehat{v}^{\ell_{\star}}$ dieses Einschließungsintervalls für v unter einer vorgegebenen Toleranz $\varepsilon > 0$ liegt, terminiert das Verfahren. Ansonsten versucht man, die Schranken zu verbessern.

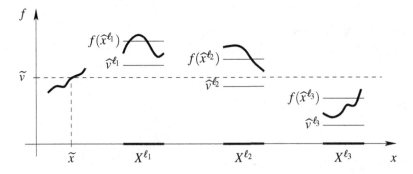

Abb. 3.21 Schranken in Branch-and-Bound-Verfahren

Um die Unterschranke $\widehat{v}^{\ell_\star}$ an v zu verbessern, ist es naheliegend, die Box $X^{\ell_\star}$ zu halbieren, die den „schlechten" Minimalwert $\widehat{v}^{\ell_\star}$ zu verantworten hat. Die Lösung der Relaxierungen der beiden neuen Teilprobleme liefert unter anderem auch neue zulässige Punkte, die ihrerseits die Oberschranke $\widetilde{v}$ verbessern können. Wir werden in Satz 3.6.2 sehen, dass die Länge des Einschließungsintervalls $[\widehat{v}^{\ell_\star}, \widetilde{v}]$ nach endlich vielen Unterteilungsschritten tatsächlich unter jede vorgegebene Toleranz $\varepsilon > 0$ fällt.

Algorithmus 3.3 realisiert diese Überlegungen durch die Pflege einer Liste von Boxen aus der aktuellen Parkettierung, in denen noch ein besserer als der bislang beste bekannte zulässige Punkt $\widetilde{x}$ liegen kann. Um die nötigen Vergleiche durchführen zu können, werden die Teilboxen X^ℓ gemeinsam mit der zugehörigen Schranke $\widehat{v}^\ell$ als Paar $(X^\ell, \widehat{v}^\ell)$ in der Liste abgespeichert.

Dass die Liste in Algorithmus 3.3 komplett geleert wird, wie es in Zeile 18 und 21 abgefragt wird, kann tatsächlich auftreten. In diesem Fall sind nämlich alle Teilboxen der letzten Parkettierung von X ausgelotet worden, und dies geschieht genau für $\widehat{v}' \geq \widetilde{v}$ für alle Teilboxen X'. Daraus folgt

$$\min_{x \in X'} f(x) = v' \geq \widehat{v}' \geq \widetilde{v} = f(\widetilde{x})$$

für jede Teilbox X' und damit $\min_{x \in X} f(x) \geq f(\widetilde{x})$. Also gilt Liste $= \emptyset$ genau dann, wenn man mit $\widetilde{x}$ einen globalen Minimalpunkt genau identifiziert hat. Dieser Fall kann natürlicherweise auftreten, wenn P einen globalen Minimalpunkt in einer Ecke von X besitzt und diese Ecke auch als Optimalpunkt einer Relaxierung auf einer Teilbox identifiziert wird. Im Gegensatz zu Algorithmus 3.2 ist zunächst nicht klar, ob in Algorithmus 3.3 das Abbruchkriterium in Zeile 21 stets nach endlich vielen Schritten erfüllt wird. Dies beantwortet der folgende Satz, der als Vorbereitung die Präzisierung der Aussage benötigt, dass die Teilboxen beim Abstieg in den Verzweigungsbaum immer kleiner werden. Dazu nummerieren wir die durch sukzessive Verzweigungen entstehenden Stufen des Baums, beginnend mit der Wurzel als Stufe 0.

3.6.1 Lemma

Die Box $X \in \mathbb{R}^n$ werde durch Halbierung entlang längster Kanten sukzessive unterteilt. Dann besitzt jede Box aus Stufe N des Verzweigungsbaums höchstens die Weite $\left(1 - \frac{3}{4n}\right)^{\frac{N}{2}} \cdot w(X)$.

Beweis Es seien Y eine Box und Z eine der beiden aus Y hervorgehenden Boxen laut Halbierungsregel aus Zeile 6 in Algorithmus 3.3. Bezeichnet i den Index einer längsten Kante, dann gilt für das Verhältnis der quadrierten Diagonalenlängen

---

Algorithmus 3.3: Globale Minimierung einer boxrestringierten Funktion per αBB

Input : $X = [\underline{x}, \overline{x}] \in \mathbb{R}^n$, $f \in C^2(X, \mathbb{R})$ mit faktorisierbarer Hesse-Matrix $D^2 f$,
   Abbruchtoleranz $\varepsilon > 0$

Output : ε-optimaler zulässiger Punkt $\tilde{x}$ von f auf X, d.h. $\tilde{x} \in X$ mit $v \leq f(\tilde{x}) \leq v + \varepsilon$

1 **begin**
2   Berechne ein $\alpha \geq \max\{0, -\min_{x \in X} \lambda_{\min}(x)\}$.
3   Setze $\tilde{x} = m(X)$ und $\tilde{v} = f(\tilde{x})$.
4   Setze $X^\star = X$, $\widehat{v}^\star = -\infty$ und Liste $= (X^\star, \widehat{v}^\star)$.
5   **repeat**
6   Halbiere $X^\star$ entlang einer längsten Kante und nenne die neuen Boxen X^1, X^2, d.h.,
      wähle ein $i \in \{1, \dots, n\}$ mit

$$\overline{x}_i^\star - \underline{x}_i^\star = \max_{j=1,\dots,n} \left(\overline{x}_j^\star - \underline{x}_j^\star \right)$$

      und setze

$$X^1 = X_1^\star \times \dots \times [\underline{x}_i^\star, m(X_i^\star)] \times \dots \times X_n^\star$$

      sowie

$$X^2 = X_1^\star \times \dots \times [m(X_i^\star), \overline{x}_i^\star] \times \dots \times X_n^\star.$$

7   Streiche $(X^\star, \widehat{v}^\star)$ aus Liste.
8   **for** $\ell = 1, 2$ **do**
9   Berechne einen Minimalpunkt $\widehat{x}^\ell$ und den Minimalwert $\widehat{v}^\ell$ von

$$\widehat{f}_\alpha^\ell(x) = f(x) + \frac{\alpha}{2} \left(\underline{x}^\ell - x \right)^\mathsf{T} \left(\overline{x}^\ell - x \right) \text{ auf } X^\ell \text{ (z.B. mit einem Verfahren aus}$$

        Abschnitt 2.8).
10   **if** $\widehat{v}^\ell < \tilde{v}$ **then**
11   Füge das Paar $\left(X^\ell, \widehat{v}^\ell \right)$ zu Liste hinzu.
12   **if** $f(\widehat{x}^\ell) < \tilde{v}$ **then**
13   Setze $\tilde{x} = \widehat{x}^\ell$ und $\tilde{v} = f(\widehat{x}^\ell)$.
14   Streiche alle Paare $(X', \widehat{v}')$ mit $\widehat{v}' \geq \tilde{v}$ aus Liste.
15   **end**
16   **end**
17   **end**
18   **if** Liste $\neq \emptyset$ **then**
19   Wähle ein $(X^\star, \widehat{v}^\star)$ mit minimalem $\widehat{v}^\star$ aus Liste.
20   **end**
21 **until** Liste $= \emptyset$ **or** $\tilde{v} - \widehat{v}^\star \leq \varepsilon$
22 **end**

$$\frac{\|\overline{z} - \underline{z}\|_2^2}{\|\overline{y} - \underline{y}\|_2^2} = \frac{\sum_{j=1}^n (\overline{z}_j - \underline{z}_j)^2}{\|\overline{y} - \underline{y}\|_2^2} = \frac{\sum_{j=1}^n (\overline{y}_j - \underline{y}_j)^2 - (\overline{y}_i - \underline{y}_i)^2 + \left(\frac{\overline{y}_i - \underline{y}_i}{2} \right)^2}{\|\overline{y} - \underline{y}\|_2^2}$$

$$= 1 - \frac{3}{4} \frac{(\overline{y}_i - \underline{y}_i)^2}{\|\overline{y} - \underline{y}\|_2^2} \leq 1 - \frac{3}{4n},$$

wobei die Ungleichung wegen der Maximaleigenschaft von $\overline{y}_i - \underline{y}_i$ aus

$$\|\overline{y} - \underline{y}\|_2^2 = \sum_{j=1}^{n} (\overline{y}_j - \underline{y}_j)^2 \leq n(\overline{y}_i - \underline{y}_i)^2$$

folgt. Beim Wechsel in ein tiefere Stufe verkürzen sich die Diagonalenlängen also mindestens um den Faktor $\sqrt{1 - \frac{3}{4n}}$. Daraus folgt die Behauptung. $\square$

Beispielsweise liegt der Verkürzungsfaktor für $n = 2$ unter $\sqrt{\frac{5}{8}} \approx 0.79$ und für $n = 3$ unter $\frac{\sqrt{3}}{2} \approx 0.89$. Offensichtlich gilt $\sqrt{1 - \frac{3}{4n}} \to 1$ für $n \to \infty$, was den unvermeidlichen verlangsamenden Effekt hoher Dimensionen auf die Konvergenz des Verfahrens quantifiziert.

3.6.2 Satz

Algorithmus 3.3 bricht nach endlich vielen Schritten ab.

Beweis Wir zeigen, dass nach endlich vielen Iterationen das Abbruchkriterium in Zeile 21 zutrifft. Falls nach endlich vielen Iterationen Liste $= \emptyset$ gilt, ist dies sicherlich der Fall. Wir dürfen im Folgenden also Liste $\neq \emptyset$ für alle betrachteten Iterationen annehmen.

Für jede Iteration wird demnach in Zeile 19 eine Box $X^\star$ mit zugehöriger Schranke $\widehat{v}^\star$ aus der Liste gewählt. $X^\star$ muss in dieser oder in einer früheren Iteration in Zeile 11 zur Liste hinzugefügt worden sein, woraufhin in Zeile 12 und 13 der Wert $f(\widehat{x}^\star)$ in die Bestimmung von $\widetilde{v}$ eingegangen ist. In der aktuellen Iteration gilt also $\widetilde{v} \leq f(\widehat{x}^\star)$ und damit in Zeile 21

$$\widetilde{v} - \widehat{v}^\star \leq f(\widehat{x}^\star) - \widehat{v}^\star \leq \frac{\alpha}{8} w(X^\star)^2.$$

Damit $\widetilde{v} - \widehat{v}^\star$ nach endlich vielen Schritten wie gefordert unter ε liegt, genügt es also zu zeigen, dass die Weite der in Zeile 19 gewählten Box $X^\star$ nach hinreichend vielen Iterationen genügend klein ist. Falls $X^\star$ in Stufe N des Verzweigungsbaums liegt, gilt nach Lemma 3.6.1

$$w(X^\star) \leq \left(1 - \frac{3}{4n}\right)^{\frac{N}{2}} w(X)$$

und damit

$$\widetilde{v} - \widehat{v}^\star \leq \frac{\alpha}{8} \left(1 - \frac{3}{4n}\right)^N w(X)^2.$$

Die Toleranz $\widetilde{v} - \widehat{v}^\star \leq \varepsilon$ wird also durch $\frac{\alpha}{8}(1 - \frac{3}{4n})^N w(X)^2 \leq \varepsilon$ garantiert, woraus

$$N \geq \frac{\log\left(\frac{8\varepsilon}{\alpha w(X)^2}\right)}{\log\left(1 - \frac{3}{4n}\right)}$$

folgt, was zum ersten Mal in der Stufe

$$N = \left\lceil \frac{\log\left(\frac{8\varepsilon}{\alpha w(X)^2}\right)}{\log\left(1 - \frac{3}{4n}\right)} \right\rceil \tag{3.3}$$

eintritt.

Es bleibt also die Frage, ob man im Laufe der Iteration garantiert nach endlich vielen Schritten die Stufe N des Verzweigungsbaums erreicht. Im besten Fall gelangt man bereits nach N Iterationen in diese Stufe, wenn nämlich in jeder Iteration eine tiefere Stufe erreicht wird. Im schlimmsten Fall konstruiert das Verfahren allerdings zunächst alle Teilboxen auf Stufe $N - 1$, bevor es in Stufe N wechselt. Dazu sind

$$1 + 2 + \ldots + 2^{N-1} = \frac{2^N - 1}{2 - 1} = 2^N - 1$$

Iterationen erforderlich. Spätestens in Iteration 2^N erreicht das Verfahren dann aber Stufe N des Baums.   □

Aus diesem Beweis folgt sofort das nächste Ergebnis.

3.6.3 Korollar

Mit dem Wert N aus (3.3) benötigt Algorithmus 3.3 im besten Fall höchstens N Schritte, im schlechtesten Fall höchstens 2^N Schritte.

Die Aussage in Korollar 3.6.3 über den besten Fall ist nicht besonders hilfreich, da man a priori nicht weiß, ob ein guter oder ein schlechter Fall vorliegt. In der Praxis beobachtet man allerdings selten Laufzeiten der Größenordnung 2^N.

3.6.4 Beispiel

Für die in Beispiel 3.5.6 benutzten Daten $n = 3$, $w(X) = 2\sqrt{3}$, $\alpha = 1$ und $\varepsilon = 10^{-3}$ gilt $N = 26$ und $2^N = 67.108.864$. ◄

Wir beenden diesen Abschnitt mit einigen Bemerkungen zu Algorithmus 3.3:

- Wenn vor Anwendung des Verfahrens bereits ein Punkt $\tilde{x} \in X$ mit niedrigerem Zielfunktionswert als $m(X)$ bekannt ist, etwa als beobachtetes Ausgangsszenario oder als Ergebnis einer Heuristik, ersetzt man Zeile 3 durch die Setzung $\tilde{v} = f(\tilde{x})$. Durch Ausloten kann die Liste dann üblicherweise erheblich kürzer gehalten werden, und auch der Wert $\tilde{v} - \hat{v}^\star$ ist von Anfang an kleiner. Beides kann zu einer schnelleren Terminierung des Verfahrens führen.

- Eine Neuberechnung der α-Werte auf jeder Teilbox kann zu deutlich besseren Schranken und damit zu einer erheblichen Senkung der Iterationszahl führen. Es besteht allerdings ein Trade-off zum Aufwand der α-Berechnungen, d. h., die CPU-Zeit kann sich dabei eventuell verlängern. Die bessere Alternative ist problemabhängig und muss bei Bedarf durch Probieren ermittelt werden.

- Der „Aufräumschritt" in Zeile 14 kann bei langen Listen viel Zeit in Anspruch nehmen. Dann bietet es sich an, ihn nicht in jeder Iteration, sondern nur sporadisch auszuführen.

- Auch bei vorzeitigem Abbruch des Verfahrens erhält man brauchbare Informationen, nämlich *gültige* Ober- und Unterschranken an v sowie eine grobe Lokalisierung globaler Minimalpunkte durch Ausloten. Gegebenenfalls kann außerdem ein bekannter Startpunkt zumindest durch einen neuen „besten bekannten Punkt" $\tilde{x}$ ersetzt werden.

- Durch Anpassung einiger der Ungleichungen ist es nicht schwer, das Verfahren so zu modifizieren, dass die beim Terminieren in der Liste befindlichen Boxen *alle* globalen Minimalpunkte überdecken.

- Die Relaxierung von f per αBB-Technik kann durch andere Techniken ersetzt werden, sofern Abschätzungen für den maximalen Fehler per Boxgröße bekannt sind (z. B. wie in Abschn. 3.9). Für einige nichtkonvexe Funktionen sind sogar explizite Formeln für die Hüllfunktionen bekannt [9].

3.7 Branch-and-Bound für konvex restringierte Probleme

In diesem Abschnitt diskutieren wir aus Sicht des αBB-Verfahrens etwas aufwendiger zu behandelnde Probleme als in Abschn. 3.6, nämlich mit nur konvexer statt boxförmiger zulässiger Menge. Dazu betrachten wir C^2-Probleme

$$P : \quad \min f(x) \quad \text{s.t.} \quad x \in M$$

mit konvex beschriebener zulässiger Menge

$$M = \{x \in X \mid g_i(x) \leq 0, \ i \in I, \ h_j(x) = 0, \ j \in J\}$$

und $X \in \mathbb{R}^n$, $|I| < \infty$ sowie $|J| < n$. Eine Nichtkonvexität von P kann dann einzig durch die Nichtkonvexität von f bedingt sein.

Wir werden die Boxunterteilungsstrategie aus Abschn. 3.6 auch hier auf die Box X anwenden und damit die Menge M in Teilmengen der Form

$$M^\ell = M \cap X^\ell = \{x \in X^\ell \mid g_i(x) \le 0, \ i \in I, \ h_j(x) = 0, \ j \in J\}$$

zerlegen. Fast alle Resultate und Bemerkungen aus dem rein boxrestringierten Fall übertragen sich dann auf konvex restringierte Probleme. Allerdings treten auch zwei neue Effekte auf, die wir im Folgenden diskutieren.

Konvex restringierte Teilprobleme

Ein erster Unterschied zum boxrestringierten Fall besteht darin, dass in der konvexen Relaxierung $\widehat{P}^\ell$ von P auf X^ℓ die Funktion $\widehat{f}_\alpha^\ell$ nicht boxrestringiert auf X^ℓ, sondern konvex restringiert auf der Menge M^ℓ zu minimieren ist (Definition 3.2.4a). Da die Menge M^ℓ wieder konvex ist, braucht sie aber wenigstens nicht zu einer Menge $\widehat{M}^\ell$ relaxiert zu werden. Jeder Optimalpunkt von

$$\widehat{P}^\ell: \quad \min \ \widehat{f}_\alpha^\ell(x) \quad \text{s.t.} \quad x \in M^\ell$$

liegt daher auch in M und kann damit zur Verbesserung der Oberschranke $\widetilde{v}$ herangezogen werden.

Inkonsistente Teilprobleme

Ein wesentlicherer Unterschied zum boxrestringierten Fall ist, dass Mengen M^ℓ leer sein können, wie Abb. 3.22 zeigt. Ein relaxiertes Teilproblem $\widehat{P}^\ell$ kann also wegen Inkonsistenz unlösbar sein, und die zugehörige Teilbox X^ℓ wird dann natürlich ausgelotet. Da $\widehat{P}^\ell$ ein konvexes Optimierungsproblem ist, darf man bei der Meldung eines Verfahrens der nichtlinearen Optimierung für $\widehat{P}^\ell$, es finde keine zulässigen Punkte, darauf vertrauen, dass tatsächlich $M^\ell = \emptyset$ gilt, und damit wie üblich $\widehat{v}^\ell = +\infty$ setzen.

Auch die Initialisierung von $\widetilde{v}$ durch die Auswertung von f an $m(X)$ kann daran scheitern, dass $m(X)$ nicht in M liegt. Falls kein zulässiger Startpunkt bekannt ist, setzt man daher $\widetilde{v} = +\infty$ und lässt Algorithmus 3.4 zulässige Punkte und damit endliche Werte für $\widetilde{v}$ selbst generieren. Falls M nicht leer ist, geschieht dies für mindestens eine der ersten beiden Teilboxen von X.

Falls M andererseits leer ist, wird den ersten beiden Teilboxen von X jeweils das Infimum $\widehat{v} = +\infty$ zugeordnet. Außerdem muss $\widetilde{v}$ ebenfalls zu $+\infty$ initialisiert worden sein, so dass Algorithmus 3.4 mit der Meldung der Unlösbarkeit terminiert.

Ansonsten völlig analog zu Satz 3.6.2 beweist man den folgenden Satz.

Abb. 3.22 Leere Teilmenge M^ℓ der zulässigen Menge M

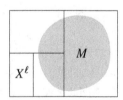

3.7.1 Satz
Algorithmus 3.4 *bricht nach endlich vielen Schritten ab.*

Auch Korollar 3.6.3 und die obigen Bemerkungen zu Algorithmus 3.3 gelten entsprechend. Die Voraussetzung zweimal stetig differenzierbarer Funktionen g_i, $i \in I$, ist hier nicht wesentlich und darf zu einer Glattheitsvoraussetzung abgeschwächt werden, unter der die Optimierungsprobleme in Zeile 9 und Zeile 12 algorithmisch behandelt werden können (z. B. mit einem Verfahren aus Abschn. 2.8).

3.8   Branch-and-Bound für nichtkonvexe Probleme

Schließlich befassen wir uns in diesem Abschnitt mit allgemeinen Optimierungsproblemen, bei denen neben der Zielfunktion auch die zulässige Menge nichtkonvex sein darf. Dazu betrachten wir C^2-Probleme

$$P: \quad \min \ f(x) \quad \text{s.t.} \quad x \in M$$

mit zulässiger Menge

$$M = \{x \in X \mid g_i(x) \leq 0, \ i \in I, \ h_j(x) = 0, \ j \in J\}$$

und $X \in \mathbb{R}^n$, $|I| < \infty$ sowie $|J| < n$. Im einfachsten Fall rührt die Nichtkonvexität daher, dass nur *eine* der beteiligten Funktionen die Konvexitätsannahmen verletzt:

- Die Zielfunktion f ist nicht konvex (bzw. man weiß nicht, ob f konvex ist).
- Für ein $i \in I$ ist die Ungleichungsrestriktionsfunktion g_i nicht konvex.
- Für ein $j \in J$ ist die Gleichungsrestriktionsfunktionen h_j nicht linear.

Üblicherweise kommen mehrere solcher Verletzungen zusammen.

Für den Branch-and-Bound-Ansatz benötigt man wieder eine konvexe Relaxierung $\widehat{P}$ von P, wobei natürlich nur diejenigen Funktionen modifiziert werden, bei denen Konvexität bzw. Linearität nicht ohnehin klar ist (vgl. die entsprechende Behandlung der Mengen K und L in Algorithmus 2.1):

- Falls f nicht konvex ist, berechnen wir $\alpha \geq \max\{0, -\min_{x \in X} \lambda_f(x)\}$, wobei jetzt $\lambda_f(x)$ den kleinsten Eigenwert von $D^2 f(x)$ bezeichnet.
- Falls g_i für ein $i \in I$ nicht konvex ist, berechnen wir $\beta_i \geq \max\{0, -\min_{x \in X} \lambda_{g_i}(x)\}$.

Algorithmus 3.4: Globale Minimierung einer konvex restringierten Funktion per αBB

Input : $X = [\underline{x}, \overline{x}] \in \mathbb{R}^n$, $f \in C^2(X, \mathbb{R})$ mit faktorisierbarer Hesse-Matrix $D^2 f$,
     konvexe $g_i \in C^2(X, \mathbb{R})$, $i \in I$, lineare h_j, $j \in J$, Abbruchtoleranz $\varepsilon > 0$
Output : ε-optimaler zulässiger Punkt $\tilde{x}$ von P, d. h. $\tilde{x} \in M$ mit $v \le f(\tilde{x}) \le v + \varepsilon$, oder
     Meldung der Unlösbarkeit

1 **begin**
2   Berechne ein $\alpha \ge \max\{0, -\min_{x \in X} \lambda_{\min}(x)\}$.
3   **if** $\tilde{x} \in M$ bekannt **then** setze $\tilde{v} = f(\tilde{x})$ **else** setze $\tilde{v} = +\infty$.
4   Setze $X^\star = X$, $\widehat{v}^\star = -\infty$ und Liste $= (X^\star, \widehat{v}^\star)$.
5   **repeat**
6   Halbiere $X^\star$ entlang einer längsten Kante und nenne die neuen Boxen X^1, X^2.
7   Streiche $(X^\star, \widehat{v}^\star)$ aus Liste.
8   **for** $\ell = 1, 2$ **do**
9   Berechne das Infimum $\widehat{v}^\ell$ von $\widehat{f}_\alpha^\ell(x)$ auf $M^\ell = M \cap X^\ell$.
10   **if** $\widehat{v}^\ell < \tilde{v}$ **then**
11   Füge das Paar $\left(X^\ell, \widehat{v}^\ell\right)$ zu Liste hinzu.
12   Berechne einen Minimalpunkt $\widehat{x}^\ell$ von $\widehat{f}_\alpha^\ell(x)$ auf M^ℓ.
13   **if** $f(\widehat{x}^\ell) < \tilde{v}$ **then**
14   Setze $\tilde{x} = \widehat{x}^\ell$ und $\tilde{v} = f(\widehat{x}^\ell)$.
15   Streiche alle Paare $(X', \widehat{v}')$ mit $\widehat{v}' \ge \tilde{v}$ aus Liste.
16   **end**
17   **end**
18   **end**
19   **if** Liste $\neq \emptyset$ **then**
20   Wähle ein $(X^\star, \widehat{v}^\star)$ mit minimalem $\widehat{v}^\star$ aus Liste.
21   **end**
22   **until** Liste $= \emptyset$ **or** $\tilde{v} - \widehat{v}^\star \le \varepsilon$
23 **end**
24 **case** $\tilde{v} < +\infty$
25    $\tilde{x}$ ist ε-optimaler zulässiger Punkt von P.
26 **case** $\tilde{v} = +\infty$
27   P ist unlösbar wegen Inkonsistenz.

- Falls h_j für ein $j \in J$ nicht linear ist, zerlegen wir die Gleichung $h_j(x) = 0$ in zwei Ungleichungen $h_j(x) \le 0$ und $-h_j(x) \le 0$ und relaxieren diese gegebenenfalls, d. h., wir berechnen $\gamma_j^+ \ge \max\{0, -\min_{x \in X} \lambda_{h_j}(x)\}$, falls h_j nicht konvex ist, und $\gamma_j^- \ge \max\{0, -\min_{x \in X} \lambda_{-h_j}(x)\}$, falls $-h_j$ nicht konvex ist.

Die Behandlung von Gleichungsrestriktionen verdeutlicht einerseits die Funktion $h(x) = x_2 - \sin(x_1)$ auf $X = [0, 2\pi] \times [-1, 1]$. Bei ihr ist weder h noch $-h$ konvex, so dass sowohl h als auch $-h$ konvex zu relaxieren sind. Andererseits ist für die Funktion $h(x) = 1 - x_1^2 - x_2^2$ zwar h nicht konvex, aber $-h$ sehr wohl. Daher braucht nur h konvex relaxiert zu werden,

während die Ungleichung $-h(x) \leq 0$ ohne Modifikation in das relaxierte Optimierungsproblem geschrieben werden darf.

Mit den benötigten konvexen Relaxierungen der Funktionen konstruiert man nun die
konvexe Relaxierung $\widehat{P}$ von P auf X mit zulässiger Menge $\widehat{M}$. Ersetzt man die Box X
wieder durch eine Teilbox X^ℓ, so entstehen entsprechend die Restriktionen der zulässigen
Menge $\widehat{M}^\ell$ des Teilproblems $\widehat{P}^\ell$.

3.8.1 Beispiel

Wir betrachten das Problem

$$P: \quad \min \ f(x) \quad \text{s.t.} \quad g_1(x) \leq 0, \ g_2(x) \leq 0, \ x \in X = [\underline{x}, \overline{x}],$$
$$h_1(x) = 0, \ h_2(x) = 0, \ h_3(x) = 0$$

mit f, g_1 konvex, g_2 nichtkonvex, h_1 linear, h_2 nichtlinear konvex und h_3 weder konvex
noch konkav. Zu berechnen sind dann β_2, γ_2^-, γ_3^+ und γ_3^-, und man erhält

$$\widehat{P}: \quad \min \ f(x) \quad \text{s.t.} \quad x \in X, g_1(x) \leq 0,$$
$$g_2(x) + \frac{\beta_2}{2}(\underline{x} - x)^\top(\overline{x} - x) \leq 0,$$
$$h_1(x) = 0,$$
$$h_2(x) \leq 0,$$
$$-h_2(x) + \frac{\gamma_2^-}{2}(\underline{x} - x)^\top(\overline{x} - x) \leq 0,$$
$$h_3(x) + \frac{\gamma_3^+}{2}(\underline{x} - x)^\top(\overline{x} - x) \leq 0,$$
$$-h_3(x) + \frac{\gamma_3^-}{2}(\underline{x} - x)^\top(\overline{x} - x) \leq 0.$$

◄

Für das Branch-and-Bound-Verfahren treten bei einer nichtkonvexen zulässigen Menge von
P im Vergleich zum konvex restringierten Fall zwei weitere neue Effekte auf.

Inkonsistenz von Teilproblemen gegebenenfalls nicht sofort erkennbar

Wie im konvex restringierten Fall können natürlich wegen Inkonsistenz unlösbare relaxierte
Teilprobleme $\widehat{P}^\ell$ auftreten, wie Abb. 3.23 für eine nichtkonvexe Menge M illustriert. Da
$\widehat{M}^\ell$ eine konvexe Menge ist, lässt sich ihre Inkonsistenz numerisch wieder leicht ermitteln.
Nach Satz 3.2.3a gilt $\widehat{M}^\ell \supseteq M^\ell = M \cap X^\ell$. Aus $\widehat{M}^\ell = \emptyset$ folgt also $M^\ell = \emptyset$ (Abb. 3.23),
und die Teilbox X^ℓ kann dann ausgelotet werden.

Umgekehrt impliziert $M^\ell = \emptyset$ *nicht*, dass auch $\widehat{M}^\ell = \emptyset$ gilt, wie Abb. 3.24 illustriert.

Abb. 3.23 Leere zulässige
Menge $\widehat{M}^{\ell}$

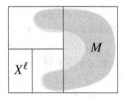

Die Box X^{ℓ} wird dann trotz $M^{\ell} = \emptyset$ nicht ausgelotet und verbleibt in der Liste. Durch weitere Unterteilungen von X^{ℓ} lässt sich die Inkonsistenz aller entsprechenden Teilmengen von M^{ℓ} aber nach endlich vielen Schritten identifizieren, wie das folgende Resultat zeigt.

3.8.2 Satz
Zu einer gegebenen Teilbox X^{ℓ} sei $M^{\ell} = M \cap X^{\ell} = \emptyset$. Dann gilt nach endlich vielen Unterteilungen $\widehat{M}^{k} = \emptyset$ für jede Teilbox X^{k} von X^{ℓ}.

Beweis Wir führen einen Widerspruchsbeweis und nehmen dazu an, dass eine unendliche Folge von Teilboxen $X^{k} \subseteq X^{\ell}$ mit $\widehat{M}^{k} \neq \emptyset$ existiert. Dann gilt $\lim_{k} w(X^{k}) = 0$, und man kann (gegebenenfalls nach Wahl einer Teilfolge) annehmen, dass $X^{k+1} \subseteq X^{k}$, $k \in \mathbb{N}$, gilt. Die Boxmittelpunkte $m(X^{k})$ besitzen damit einen Limes $x^{\star} \in X^{\ell}$. Offenbar gilt auch $x^{\star} \in X^{k}$ für alle $k \in \mathbb{N}$.

Wegen $M^{\ell} = \emptyset$ muss an $x^{\star}$ mindestens eine Restriktion verletzt sein, es gelte etwa $g_{i}(x^{\star}) > 0$ mit einem $i \in I$. Die Stetigkeit von g_{i} impliziert, dass für alle hinreichend großen $k \in \mathbb{N}$ mit $x^{\star} \in X^{k}$ auch alle anderen Elemente von X^{k} diese Ungleichung erfüllen. Nach dem Satz von Weierstraß gilt also $\min_{x \in X^{k}} g_{i}(x) = c > 0$. Für hinreichend große $k \in \mathbb{N}$ erfüllt jedes $x \in X^{k}$ daher nach Lemma 3.4.2c

$$(\widehat{g_{i}})_{\beta_{i}}^{k}(x) \geq g_{i}(x) - \frac{\beta_{i}}{8} w(X^{k})^{2} \geq c - \frac{\beta_{i}}{8} w(X^{k})^{2} \geq \frac{c}{2} > 0.$$

Daraus folgt $\widehat{M}^{k} = \emptyset$, im Widerspruch zur Annahme. □

Mögliche Unzulässigkeit von Minimalpunkten der Relaxierungen
Ein *wesentliches* Problem bei nichtkonvex restringierten Problemen besteht darin, dass ein Optimalpunkt $\widehat{x}^{\ell}$ von $\widehat{P}^{\ell}$ nicht notwendigerweise zulässig für P zu sein braucht, denn so

Abb. 3.24 $M^{\ell} = \emptyset$ impliziert
nicht $\widehat{M}^{\ell} = \emptyset$

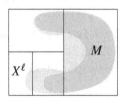

liegen etwa Randpunkte von $\widehat{M}^\ell$ (an denen sich Minimalpunkte gerne aufhalten) nicht notwendigerweise auch in M^ℓ (Abb. 3.23).

Dies hat zwei Konsequenzen. Einerseits kann man (wie bei jedem Äußere-Approximations-Verfahren) nur erwarten, dass die vom Algorithmus erzeugten Punkte $\widetilde{x}$ *asymptotisch* zulässig sind, dass die nach endlich vielen Schritten erzeugte Approximation eines optimalen Punkts also nicht notwendigerweise in M liegt. Dies *könnte* man (wie bei Äußere-Approximations-Verfahren üblich) dadurch abfangen, dass man durch eine weitere Toleranz $\varepsilon_M > 0$ und eine Straftermfunktion für M eine „maximal erlaubte Unzulässigkeit" von $\widetilde{x}$ definiert, etwa durch

$$\rho(\widetilde{x}) := \sum_{i \in I} g_i^+(\widetilde{x}) + \sum_{j \in J} |h_j(\widetilde{x})| \leq \varepsilon_M \,,$$

wobei $g_i^+(\widetilde{x}) = \max\{0, g_i(\widetilde{x})\}$ den „positiven Anteil" von $g_i(\widetilde{x})$ bezeichnet. Mit einem ähnlichen Argument wie im Beweis von Satz 3.8.2 lässt sich zeigen, dass diese ε_M-Zulässigkeit für jedes gegebene $\varepsilon_M > 0$ nach endlich vielen Boxunterteilungen erfüllt ist.

Die zweite Konsequenz ist allerdings weitreichender und lässt sich mit dieser Konstruktion nicht behandeln: Für $\widehat{x}^\ell \notin M$ ist der Wert $f(\widehat{x}^\ell)$ nicht notwendigerweise eine Oberschranke für v und kann daher nicht zum Update von $\widetilde{v}$ benutzt werden (Abb. 3.25). Als Ausweg überprüft man natürlich zunächst, ob nicht doch $\widehat{x}^\ell \in M$ gilt (durch Einsetzen in die Funktionen $g_i, i \in I, h_j, j \in J$). Falls ja, nutzt man $f(\widehat{x}^\ell)$ zum Update der Oberschranke $\widetilde{v}$ von v. Anderenfalls sind verschiedene *Heuristiken* zum weiteren Vorgehen verbreitet:

- Man kann darauf hoffen, dass der Algorithmus irgendwann selbst zulässige Punkte bestimmt. Dies ist leider nicht garantiert.
- Man kann versuchen, einen lokalen Minimalpunkt x^ℓ von f auf $M^\ell = M \cap X^\ell$ mit einem Verfahren der nichtlinearen Optimierung zu bestimmen und den Wert $f(x^\ell)$ zum Update von $\widetilde{v}$ zu benutzen. Neben dem Aufwand dieses Ansatzes bestehen die Probleme, dass ein Punkt $x^\ell \in M^\ell$ bei nichtkonvexen Restriktionen nicht notwendigerweise gefunden wird, selbst wenn er existiert, und dass unklar ist, ob mit den so bestimmten Oberschranken das Abbruchkriterium $\widetilde{v} - \widehat{v}^\star \leq \varepsilon$ nach endlich vielen Schritten erfüllt wird.
- Man lässt ε_M-zulässige Punkte für das Update von $\widetilde{v}$ zu, also $\widehat{x}^\ell$ mit $\rho(\widehat{x}^\ell) < \varepsilon_M$. Abb. 3.26 zeigt, dass auch hierbei beliebig falsche Werte von $\widetilde{v}$ entstehen können. Auf einen Ansatz, den entstehenden Fehler mit Lipschitz-Konstanten abzuschätzen, werden wir in Abschn. 3.9 eingehen. Auch dies wird aber nicht zum Ziel führen.

Für einen *deterministischen* Ansatz zur garantierten Bestimmung eines zulässigen Punkts im Fall $\widehat{x}^\ell \notin M$ sei auf [25] verwiesen. Benutzt man diese Technik zur Ausgestaltung von Zeile 14 in Algorithmus 3.5, so gelten analoge Bemerkungen wie zu Algorithmus 3.3, und es lassen sich wieder der Abbruch von Algorithmus 3.5 nach endlich vielen Schritten sowie Komplexitätsresultate zeigen. Die auftretenden konvexen Hilfsprobleme löst man beispielsweise mit den Verfahren aus Abschn. 2.8.

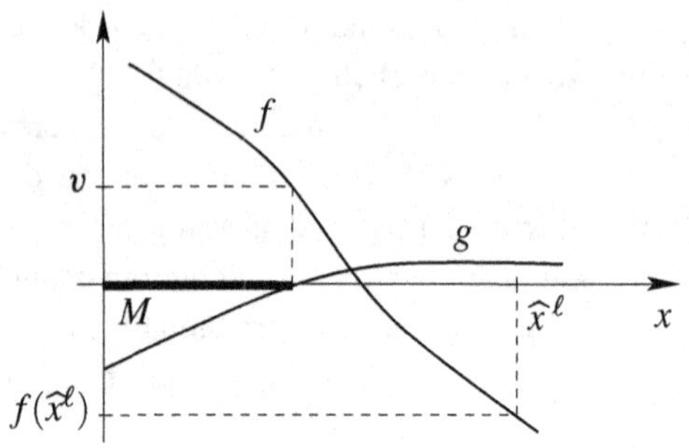

Abb. 3.25 Ein unzulässiger
Punkt liefert keine
Oberschranke für v

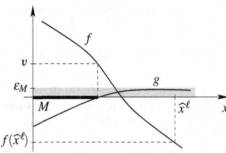

Abb. 3.26 Ein ε_M-zulässiger
Punkt liefert keine
Oberschranke für v

3.8.3 Übung Nach Satz 3.2.5c kann für den Optimalwert des konvexen Hüllproblems eines Optimierungsproblems mit nichtkonvexer zulässiger Menge $\widehat{\widehat{v}} < v$ gelten. In einem solchen Fall behalten die Optimalwerte $\widehat{v}$ aller konvex relaxierten Probleme wegen $\widehat{v} \leq \widehat{\widehat{v}} < v$ einen positiven Abstand von v. Warum steht dies nicht im Widerspruch dazu, dass sich für die iterativ verfeinerten Relaxierungen aus Algorithmus 3.5 trotzdem ein Konvergenzresultat zeigen lässt?

3.9   Lipschitz-Eigenschaften

Dieser abschließende Abschnitt diskutiert einige nützliche Eigenschaften Lipschitz-stetiger Funktionen für die globale Optimierung. Nach einer Einführung in die Lipschitz-Stetigkeit in Abschn. 3.9.1 versuchen wir in Abschn. 3.9.2, Lipschitz-Abschätzungen dafür einzusetzen, die schwer zugänglichen Oberschranken für den Optimalwert in Algorithmus 3.5 zu konstruieren. Da sich dies nur als mäßig erfolgreich erweisen wird, zeigt Abschn. 3.9.3 stattdessen, wie sich die Idee der αBB-Relaxierung weitreichend umgestalten lässt, wenn Lipschitz-Konstanten zur Verfügung stehen.

Algorithmus 3.5: Globale Minimierung eines nichtkonvexen Problems per αBB

Input : $X = \left[\underline{x}, \overline{x}\right] \in \mathbb{R}^n$, $f, g_i, h_j \in C^2(X, \mathbb{R})$, $i \in I$, $j \in J$, mit
- f konvex oder $D^2 f$ faktorisierbar,
- g_i konvex oder $D^2 g_i$ faktorisierbar, $i \in I$,
- h_j linear oder
  - h_j konvex oder $D^2 h_j$ faktorisierbar, $j \in J$,
    - $-h_j$ konvex oder $-D^2 h_j$ faktorisierbar, $j \in J$,
      Abbruchtoleranz $\varepsilon > 0$

Output : ε-optimaler zulässiger Punkt $\widetilde{x}$ von P, d.h. $\widetilde{x} \in M$ mit $v \le f(\widetilde{x}) \le v + \varepsilon$, oder Meldung der Unlösbarkeit (mit Zeile 14 z. B. nach [25])

1 **begin**
2   Berechne die erforderlichen α, β_i, $i \in I$, $\gamma_j^\pm$, $j \in J$.
3   **if** $\widetilde{x} \in M$ bekannt **then** setze $\widetilde{v} = f(\widetilde{x})$ **else** setze $\widetilde{v} = +\infty$.
4   Setze $X^\star = X$, $\widehat{v}^\star = -\infty$ und Liste $= \left(X^\star, \widehat{v}^\star\right)$.
5   **repeat**
6   Halbiere $X^\star$ entlang einer längsten Kante und nenne die neuen Boxen X^1, X^2.
7   Streiche $\left(X^\star, \widehat{v}^\star\right)$ aus Liste.
8   **for** $\ell = 1, 2$ **do**
9   Berechne das Infimum $\widehat{v}^\ell$ von $\widehat{f}_\alpha^\ell(x)$ auf $\widehat{M}^\ell$.
10   **if** $\widehat{v}^\ell < \widetilde{v}$ **then**
11   Füge das Paar $\left(X^\ell, \widehat{v}^\ell\right)$ zu Liste hinzu.
12   Berechne einen Minimalpunkt $\widehat{x}^\ell$ von $\widehat{f}_\alpha^\ell(x)$ auf $\widehat{M}^\ell$.
13   **if** $\widehat{x}^\ell \notin M$ **then**
14   Versuche, $\widehat{x}^\ell$ durch einen zulässigen Punkt zu ersetzen.
15   **end**
16   **if** $\widehat{x}^\ell \in M$ **and** $f(\widehat{x}^\ell) < \widetilde{v}$ **then**
17   Setze $\widetilde{x} = \widehat{x}^\ell$ und $\widetilde{v} = f(\widehat{x}^\ell)$.
18   Streiche alle Paare $\left(X', \widehat{v}'\right)$ mit $\widehat{v}' \ge \widetilde{v}$ aus Liste.
19   **end**
20   **end**
21   **end**
22   **if** Liste $\ne \emptyset$ **then**
23   Wähle ein $(X^\star, \widehat{v}^\star)$ mit minimalem $\widehat{v}^\star$ aus Liste.
24   **end**
25   **until** Liste $= \emptyset$ **or** $\widetilde{v} - \widehat{v}^\star \le \varepsilon$
26 **end**
27 **case** $\widetilde{v} < +\infty$
28     $\widetilde{x}$ ist ε-optimaler zulässiger Punkt von P.
29 **case** $\widetilde{v} = +\infty$
30   P ist unlösbar wegen Inkonsistenz.

3.9.1   Eigenschaften Lipschitz-stetiger Funktionen

3.9.1 Definition (Lipschitz-Stetigkeit)

Für $X \subseteq \mathbb{R}^n$ heißt $f : X \rightarrow \mathbb{R}$ *Lipschitz-stetig*, falls eine Konstante $L > 0$ mit

$$\forall\, x, y \in X : \quad |f(x) - f(y)| \leq L \cdot \|x - y\|_2$$

existiert. L heißt dann *Lipschitz-Konstante* für f auf X.

Lipschitz-Stetigkeit lässt sich bei Bedarf auch bezüglich beliebiger anderer Normen $\| \cdot \|$ anstelle von $\| \cdot \|_2$ wie in Definition 3.9.1 betrachten.

Für $x = y$ ist die Lipschitz-Bedingung uninteressant. Für $x \neq y$ besagt sie, dass die Sekante durch die Punkte $(x, f(x))$ und $(y, f(y))$ an den Graphen von f eine „betraglich beschränkte Steigung" besitzt. Das Auftreten des Betrags erklärt sich dadurch, dass für $n > 1$ nicht alle Argumente x und y durch $\leq$ vergleichbar sind und daher nicht klar ist, ob man die Sekantensteigung von x aus in Richtung y oder in entgegengesetzter Richtung messen soll. Im betraglichen Ausdruck $|f(x) - f(y)| / \|x - y\|_2$ spielt dies jedoch keine Rolle. Für eine Lipschitz-stetige Funktion ist dieser Ausdruck also für jede Wahl von $x, y \in X$ durch die gleiche Konstante $L > 0$ beschränkt. Die „Variation" von f ist in diesem Sinne beschränkt, und man spricht manchmal auch von Dehnungsbeschränktheit. Die folgenden Beispiele verdeutlichen das Konzept der Lipschitz-Stetigkeit.

- Die Funktion $f(x) = \sqrt[3]{x}$ ist auf $X = [-1, 1]$ nicht Lipschitz-stetig. Abb. 3.27 illustriert, warum dies geometrisch klar ist: Man kann mit den Wahlen $x = 0$ und $y^k = 1/k$ für $k \rightarrow \infty$ beliebig steile Sekanten an den Graphen von f erzeugen.
- Die Funktion $f(x) = x^2$ ist auf $X = \mathbb{R}$ nicht Lipschitz-stetig. Auch dies ist geometrisch klar, und formal sieht man es wie folgt: Für alle $x, y \in \mathbb{R}$ gilt

$$|f(x) - f(y)| = |x^2 - y^2| = |x + y| \cdot |x - y|.$$

Da der Ausdruck $|x + y|$ durch passende Wahlen von $x, y \in \mathbb{R}$ beliebig groß wird, findet man keine Lipschitz-Konstante L. Allgemeiner sieht man mit diesem Argument, dass $f(x) = x^2$ auf jeder beschränkten Menge X Lipschitz-stetig ist und auf jeder unbeschränkten Menge X nicht.

- Die Funktion $f(x) = |x|$ ist auf $\mathbb{R}$ nicht differenzierbar, aber konvex und Lipschitz-stetig.
- Die Funktion $f(x) = -|x|$ ist auf $\mathbb{R}$ weder differenzierbar noch konvex, aber Lipschitz-stetig.

Abb. 3.27 Nicht
Lipschitz-stetige Funktion

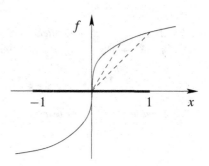

Die letzten beiden Beispiele zeigen, dass Lipschitz-stetige Funktionen nicht notwendigerweise differenzierbar sind. Man weist zum einen aber leicht nach, dass sie jedenfalls stetig sind. Zum anderen besagt ein tiefliegendes Ergebnis der Analysis (der Satz von Rademacher), dass Lipschitz-stetige Funktionen in einem gewissen Sinne „fast überall" differenzierbar sind. Dies lässt sich beispielsweise ausnutzen, um die Idee des konvexen Subdifferentials auf Lipschitz-stetige Funktionen zu übertragen [5].

Für eine Lipschitz-Konstante L von f auf X ist auch jedes $L' > L$ eine Lipschitz-Konstante von f auf X. Im Allgemeinen ist man daran interessiert, möglichst kleine oder sogar die kleinste Lipschitz-Konstante zu identifizieren, da dies den höchsten Informationsgehalt über das Verhalten von f auf X liefert. Falls dieses kleinste L aber zu aufwendig zu berechnen ist, kann man sich auch mit größeren Lipschitz-Konstanten zufrieden geben, die dann nur eine gröbere Beschreibung des Verhaltens von f auf X liefern. Eine solche Möglichkeit zur Berechnung von Lipschitz-Konstanten liefert das folgende Ergebnis.

3.9.2 Lemma

a) *Es sei $X \subseteq \mathbb{R}^n$ eine nichtleere und konvexe Menge, die Funktion $f : X \to \mathbb{R}$ sei differenzierbar, und es gelte*

$$\sup_{x \in X} \|\nabla f(x)\|_2 < +\infty.$$

Dann ist f auf X Lipschitz-stetig, und jedes $L > 0$ mit

$$L \geq \sup_{x \in X} \|\nabla f(x)\|_2$$

ist Lipschitz-Konstante von f auf X.

b) *Es sei $X \subseteq \mathbb{R}^n$ eine nichtleere, konvexe und kompakte Menge, und die Funktion $f : X \to \mathbb{R}$ sei stetig differenzierbar. Dann ist f auf X Lipschitz-stetig, und jedes $L > 0$ mit*

$$L \ \geq \ \max_{x \in X} \ \|\nabla f(x)\|_2$$

ist eine Lipschitz-Konstante von f auf X.

Beweis Es seien $x, y \in X$. Da die Lipschitz-Bedingung für $x = y$ klar ist, gelte $x \neq y$. Nach dem Mittelwertsatz gibt es dann ein z auf der Verbindungsstrecke zwischen x und y mit

$$f(x) \ = \ f(y) + \langle \nabla f(z), x - y \rangle,$$

wobei die Konvexität von X auch $z \in X$ impliziert. Mit der Cauchy-Schwarz-Ungleichung folgt daraus

$$|f(x) - f(y)| \ = \ |\langle \nabla f(z), x - y \rangle| \ \leq \ \|\nabla f(z)\|_2 \cdot \|x - y\|_2 \ \leq \ \left(\sup_{z \in X} \|\nabla f(z)\|_2 \right) \cdot \|x - y\|_2 .$$

Die Unabhängigkeit der Zahl $\sup_{z \in X} \|\nabla f(z)\|_2$ von x und y liefert nun die Behauptung von Aussage a. Die Behauptung von Aussage b folgt aus der von Aussage a, weil unter den zusätzlichen Voraussetzungen nach dem Satz von Weierstraß das Supremum als Maximum angenommen wird. $\square$

3.9.3 Übung Da man nur an möglichst kleinen Lipschitz-Konstanten interessiert ist, wäre es in Lemma 3.9.2b naheliegend, direkt $L := \max_{x \in X} \|\nabla f(x)\|_2$ als Lipschitz-Konstante zu definieren. In welchem (meist uninteressanten) Fall würde dann aber ein formales Problem entstehen?

3.9.4 Übung Zeigen Sie anhand der Menge $X = \{0\} \times \mathbb{R}$ und der Funktion $f(x) = x_1$, dass es möglich sein kann, die Größe der in Lemma 3.9.2a angegebenen Lipschitz-Konstante zu unterbieten.

3.9.5 Übung Zeigen Sie unter den Voraussetzungen von Lemma 3.9.2b, dass jedes $L > 0$ mit $L \geq \max_{x \in X} \|\nabla f(x)\|_1$ eine Lipschitz-Konstante für f auf X bezüglich der ℓ_∞-Norm ist.

Aus Lemma 3.9.2 erhält man sofort folgendes Resultat.

3.9.6 Satz

Es seien $X \in \mathbb{R}^n$, $f \in C^1(X, \mathbb{R})$, und $g := \nabla f$ sei faktorisierbar mit einer natür-lichen Intervallerweiterung G. Bezeichnet zudem NORM die natürliche Intervall-erweiterung der Funktion $\mathrm{norm}(x) := \|x\|_2$, dann ist $\overline{\mathrm{NORM}}(G(X))$ eine Lipschitz-Konstante von f auf X.

3.9.7 Beispiel

Auf $X = [0, 2]$ sei eine Lipschitz-Konstante für die Funktion $f(x) = x^2$ zu bestimmen. Grafisch überzeugt man sich leicht davon, dass keine Sekante eine höhere Steigung als 4 (nämlich die Tangentensteigung bei $x = 2$) aufweisen kann und dass diese Steigung beliebig gut durch Sekantensteigungen approximiert werden kann. Daher ist $L = 4$ die bestmögliche Lipschitz-Konstante.

Nach Satz 3.9.6 berechnet man eine Lipschitz-Konstante wie folgt: Es gilt $g(x) = \nabla f(x) = f'(x) = 2x$ und damit $G(X) = 2X$. Daraus folgt $\mathrm{NORM}(G(X)) = \mathrm{ABS}(2X)$ sowie

$$\mathrm{NORM}(G(X)) = \mathrm{ABS}(2[0, 2]) = \mathrm{ABS}([0, 4]) = [0, 4].$$

Wir erhalten aus Satz 3.9.6 also die Lipschitz-Konstante $\overline{\mathrm{NORM}}(G(X)) = 4$, was mit der grafisch ermittelten besten Lipschitz-Konstante übereinstimmt. Wegen des Abhängigkeitseffekts kann man im Allgemeinen natürlich nicht erwarten, dass Satz 3.9.6 immer solch eine *beste* Lipschitz-Konstante liefert. ◄

In einem nächsten Schritt lassen sich mit Hilfe von Lipschitz-Konstanten gültige Ober- und Unterschranken für Funktionen auf Mengen ermitteln.

3.9.8 Lemma

Für $X \subseteq \mathbb{R}^n$ und $f : X \to \mathbb{R}$ sei L eine Lipschitz-Konstante, und $y \in X$ sei gegeben. Dann gilt

$$\forall x \in X : \quad f(x) \in [f(y) - L\|x - y\|_2, \; f(y) + L\|x - y\|_2].$$

Beweis Für alle $x \in X$ gilt

$$f(x) - f(y) \leq |f(x) - f(y)| \leq L\|x - y\|_2$$

und damit $f(x) \leq f(y) + L\|x - y\|_2$. Analog folgt aus

$$f(y) - f(x) \leq |f(x) - f(y)| \leq L\|x - y\|_2$$

die Ungleichung $f(x) \geq f(y) - L\|x - y\|_2$ und damit insgesamt die Behauptung.   □

3.9.9 Beispiel

Nach Beispiel 3.9.7 ist $L = 4$ eine Lipschitz-Konstante von $f(x) = x^2$ auf $X = [0, 2]$.
Mit $y = 1$ folgt aus Lemma 3.9.8

$$\forall\, x \in [0, 2]: \quad f(x) \in [1 - 4 \cdot |x - 1|,\ 1 + 4 \cdot |x - 1|]\,.$$

◄

Lemma 3.9.8 lässt sich auch folgendermaßen interpretieren: Der Graph von f, also die Menge
$\{(x, f(x))\,|\, x \in X\}$, ist für jedes beliebige $y \in X$ in der Menge $\{(x, \alpha) \in X \times \mathbb{R}\,|\, |\alpha - f(y)| \leq L\|x - y\|_2\}$ enthalten. Für $n = 1$ ist dies ein Doppelkegel mit Scheitelpunkt $(y, f(y))$, für $n > 1$ allerdings nicht (dann ist nur das Komplement dieser Menge ein Doppelkegel).

3.9.2   Direkte Anwendung auf Algorithmus 3.5

Für das Branch-and-Bound-Verfahren in Algorithmus 3.5 bietet die Kenntnis einer Lipschitz-Konstante von f die Möglichkeit für ein Update der Oberschranke $\widetilde{v}$ von v im Fall der Unzulässigkeit von $\widehat{x}^\ell$ in Zeile 14. Dazu wird der „falsche" Wert $f(\widehat{x}^\ell)$ mit Hilfe der Lipschitz-Konstante von f zu einer garantierten, aber möglicherweise sehr groben Oberschranke korrigiert. Die Bestimmung eines zugehörigen zulässigen Punkts ist dabei aber nicht ohne Weiteres möglich, und auch die Konvergenz des Verfahrens kann mit diesen Oberschranken nicht garantiert werden.

L sei dazu eine Lipschitz-Konstante von f auf X, und

$$M = \{x \in X\,|\, g_i(x) \leq 0,\ i \in I,\ h_j(x) = 0,\ j \in J\}$$

sei nicht leer. Aus Lemma 3.9.8 mit $y = \widehat{x}^\ell$ folgt dann

$$\forall\, x \in M: \quad v \leq f(x) \leq f(\widehat{x}^\ell) + L\|x - \widehat{x}^\ell\|_2,$$

also ist für jede beliebige Wahl von $x \in M$ die Zahl $f(\widehat{x}^\ell) + L\|x - \widehat{x}^\ell\|_2$ eine Oberschranke für v, die zur Verbesserung von $\widetilde{v}$ herangezogen werden kann. Die *beste* so ermittelbare Oberschranke ist

$$\min_{x \in M} \left(f(\widehat{x}^\ell) + L\|x - \widehat{x}^\ell\|_2 \right) \;=\; f(\widehat{x}^\ell) + L\,\mathrm{dist}(\widehat{x}^\ell, M),$$

aber zu ihrer Bestimmung wäre die Berechnung der Distanz $\text{dist}(\widehat{x}^{\ell}, M)$ von $\widehat{x}^{\ell}$ zu M erforderlich, d. h. die Lösung eines weiteren globalen Optimierungsproblems.

Wegen $M \neq \emptyset$ gibt es jedenfalls irgendwo in X einen Punkt $x \in M$. Schlimmstenfalls besitzt dieser maximalen Abstand von $\widehat{x}^{\ell}$ in X, also ist eine gültige, aber vermutlich grobe Oberschranke für v auch

$$f(\widehat{x}^{\ell}) + L \max_{x \in X} \|x - \widehat{x}^{\ell}\|_2 .$$

Die Maximierung von $\|x - \widehat{x}^{\ell}\|_2$ über X löst man beispielsweise durch Kenntnis der Tatsache, dass ein Maximalpunkt sicher in einer Ecke von X zu finden ist (nach dem Eckensatz der konvexen Maximierung [30, Cor. 32.3.4]), was auf 2^n Kandidaten führt. Wegen Übung 1.3.5 und 1.3.2 erhalten wir sogar die explizite Darstellung

$$\max_{x \in X} \|x - \widehat{x}^{\ell}\|_2 = \sqrt{\max_{x \in X} \sum_{i=1}^{n} (x_i - \widehat{x}_i^{\ell})^2}$$

$$= \sqrt{\sum_{i=1}^{n} \max_{x_i \in [\underline{x}_i , \overline{x}_i]} (x_i - \widehat{x}_i^{\ell})^2} = \sqrt{\sum_{i=1}^{n} \left(\max\{\widehat{x}_i^{\ell} - \underline{x}_i , \overline{x}_i - \widehat{x}_i^{\ell}\} \right)^2} .$$

Diese Möglichkeit zum Update der Oberschranke $\widetilde{v}$ lässt sich leider *nicht* auf beliebige Teilboxen X^{ℓ} von X übertragen, da man dafür zunächst

$$M^{\ell} = \{x \in X^{\ell} \mid g_i(x) \leq 0, \; i \in I, \; h_j(x) = 0, \; j \in J\} \neq \emptyset$$

überprüfen müsste. Daher ist dieser Ansatz nur von geringem praktischen Interesse.

Auch die Kenntnis einer „Oberschranke der Unzulässigkeit" von $\widehat{x}^{\ell}$ im Sinne der ε_M-Zulässigkeit

$$\rho(\widehat{x}^{\ell}) = \sum_{i \in I} g_i^+(\widehat{x}^{\ell}) + \sum_{j \in J} |h_j(\widehat{x}^{\ell})| \leq \varepsilon_M$$

hilft nicht in einfacher Weise weiter, was wir uns kurz für den Fall $I = \{1\}$ und $J = \emptyset$ überlegen, also für $\rho(\widehat{x}^{\ell}) = g^+(\widehat{x}^{\ell})$. Zu vermuten wäre zunächst, dass die Relaxierung $M_{\varepsilon_M} = \{x \in \mathbb{R}^n \mid g(x) \leq \varepsilon_M\}$ der Menge $M = \{x \in \mathbb{R}^n \mid g(x) \leq 0\}$ sich nur wenig von M unterscheidet. Zum Beispiel sollte es möglich sein, für jeden Punkt $\widehat{x}^{\ell} \in M_{\varepsilon_M}$ die Distanz $\text{dist}(\widehat{x}^{\ell}, M)$ etwa in der Form

$$\text{dist}(\widehat{x}^{\ell}, M) \leq \gamma \, \varepsilon_M \tag{3.4}$$

mit einer von $\widehat{x}^{\ell}$ unabhängigen Konstante $\gamma > 0$ abzuschätzen. Dann erhielte man eine Oberschranke $\widetilde{v}$ nach obigen Überlegungen durch

$$\forall \, x \in M : \quad v \leq f(x) \leq f(\widehat{x}^{\ell}) + L \, \text{dist}(\widehat{x}^{\ell}, M) \leq f(\widehat{x}^{\ell}) + L \gamma \, \varepsilon_M .$$

Die Abschätzung in (3.4) hängt leider mit dem „Gegenteil" einer Lipschitz-Abschätzung zusammen, nämlich mit der Abschätzung des Abstands der Argumente durch ein Vielfaches des Abstands der Funktionswerte von g^+. Etwas genauer sieht man dies wie folgt: Falls ein $\gamma > 0$ existiert, so dass es zu jedem $\widehat{x}^\ell \in M_{\varepsilon_M}$ ein $x \in M$ mit

$$\|x - \widehat{x}^\ell\|_2 \leq \gamma \, |g^+(x) - g^+(\widehat{x}^\ell)|$$

gibt, dann folgt wegen der Zulässigkeit der $x \in M$ und der Nichtnegativität von $g^+(\widehat{x}^\ell)$

$$\|x - \widehat{x}^\ell\|_2 \leq \gamma \, g^+(\widehat{x}^\ell) = \gamma \, \rho(\widehat{x}^\ell) \leq \gamma \, \varepsilon_M$$

und damit

$$\text{dist}(\widehat{x}^\ell, M) = \inf_{x \in M} \|x - \widehat{x}^\ell\|_2 \leq \gamma \, \varepsilon_M \, .$$

Für lineare und konvexe Funktionen sind Abschätzungen wie in (3.4) tatsächlich möglich und als *Hoffman-Lemma* oder *globale Fehlerschranken* bekannt, wobei die Konstante γ als *Hoffman-Konstante* bezeichnet wird (zu Einzelheiten s. z.B. [33]). Optimierungsprobleme mit linearen und konvexen Funktionen können wir aber ohnehin mit den Techniken aus Kap. 2 behandeln. Für den uns stattdessen interessierenden nichtkonvexen Fall zeigt wieder Abb. 3.26, dass die Angabe von Fehlerschranken auf grundsätzliche Probleme stößt, so dass die Kenntnis von Lipschitz-Konstanten auch für die Behandlung ε_M-zulässiger Punkte kaum weiterhilft.

3.9.3   Eine Variation von Algorithmus 3.5

Unabhängig von der αBB-Technik führt die Kenntnis von Lipschitz-Konstanten allerdings auch auf eine alternative Möglichkeit, Relaxierungen von Funktionen zu konstruieren. Sie sind zwar nicht notwendigerweise konvex, aber trotzdem leicht zu minimieren. Im Folgenden diskutieren wir nur den Fall $n = 1$, in dem eine C^1-Funktion $f : \mathbb{R} \to \mathbb{R}$ auf $X = [\underline{x}, \overline{x}] \in \mathbb{IR}$ zu minimieren ist. Dabei übernimmt die Funktion

$$\psi(x) = |x - m(X)| - \frac{w(X)}{2} = \left| x - \frac{\underline{x} + \overline{x}}{2} \right| - \frac{\overline{x} - \underline{x}}{2}$$

die Rolle von $\psi(x) = \frac{1}{2}(\underline{x} - x)(\overline{x} - x)$ aus dem αBB-Ansatz. Sie ist in Abb. 3.28 skizziert.

Abb. 3.28 Funktion ψ in der
Lipschitz-Variation von
Algorithmus 3.5

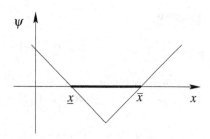

3.9.10 Satz

Es seien $X \in \mathbb{R}$, $f \in C^1(X, \mathbb{R})$ und $L > 0$ eine Lipschitz-Konstante von f auf X mit
$L \geq \max_{x \in X} |f'(x)|$. Dann gelten mit

$$\widehat{f_L}(x) := f(x) + L \cdot \psi(x)$$

die folgenden Aussagen:
a) $\forall x \in X: \widehat{f_L}(x) \leq f(x)$.
b) $\widehat{f_L}(\underline{x}) = f(\underline{x})$ und $\widehat{f_L}(\overline{x}) = f(\overline{x})$.
c) $\max_{x \in X} (f(x) - \widehat{f_L}(x)) = (L/2)\, w(X)$.
d) $\widehat{f_L}$ ist monoton fallend auf $[\underline{x}, m(X))$ und monoton wachsend auf $(m(X), \overline{x}]$.
e) $m(X)$ ist globaler Minimalpunkt der Funktion $\widehat{f_L}$ auf X mit Minimalwert
$f(m(X)) - (L/2)\, w(X)$.

Beweis Für alle $x \in [\underline{x}, m(X)]$ gilt

$$\psi(x) = m(X) - x - \frac{w(X)}{2} = \underline{x} - x \leq 0$$

und für alle $x \in [m(X), \overline{x}]$

$$\psi(x) = x - m(X) - \frac{w(X)}{2} = x - \overline{x} \leq 0.$$

Mit $L > 0$ folgt Aussage a. Die Aussage b ergibt sich sofort aus $\psi(\underline{x}) = \underline{x} - \underline{x} = 0$ und
$\psi(\overline{x}) = \overline{x} - \overline{x} = 0$.

Um Aussage c zu sehen, stellen wir fest, dass für alle $x \in X$

$$f(x) - \widehat{f_L}(x) = -L\psi(x)$$

gilt, also

$$\max_{x \in X} (f(x) - \widehat{f}_L(x)) = -L \min_{x \in X} \psi(x).$$

Da ψ auf $[\underline{x}, m(X))$ Steigung -1 und auf $(m(X), \overline{x}]$ Steigung $+1$ besitzt, ist $m(X)$ Minimalpunkt von ψ mit Wert $\psi(m(X)) = -(\overline{x} - \underline{x})/2$. Daraus folgt

$$\max_{x \in X} (f(x) - \widehat{f}_L(x)) = -L \left(-\frac{\overline{x} - \underline{x}}{2} \right) = \frac{L}{2} \, w(X).$$

Auf $[\underline{x}, m(X))$ gilt ferner

$$\widehat{f}_L'(x) = f'(x) - L \leq |f'(x)| - L \leq \max_{x \in X} |f'(x)| - L \leq 0$$

und auf $(m(X), \overline{x}]$

$$\widehat{f}_L'(x) = f'(x) + L \geq -|f'(x)| + L \geq - \max_{x \in X} |f'(x)| + L \geq 0,$$

was Aussage d beweist. Hieraus folgt sofort, dass $m(X)$ globaler Minimalpunkt von $\widehat{f}_L$ auf X ist, also Aussage e. $\qquad\square$

Mit Hilfe von Satz 3.9.10 kann man völlig analog zu Algorithmus 3.3 ein Branch-and-Bound-Verfahren angeben, das nach endlich vielen Schritten terminiert. Die Hauptvorteile dieser Modifikation bestehen darin, dass statt zweimaliger nur einmalige stetige Differenzierbarkeit von f erforderlich ist und dass wegen Satz 3.9.10e in Zeile 9 kein Verfahren aus Abschn. 2.8 bemüht werden muss, um $\widehat{x}^\ell$ und $\widehat{v}^\ell$, $\ell = 1, 2$, zu berechnen.

Ein wesentlicher Nachteil ist allerdings, dass die Struktur von f schlecht ausgenutzt wird, denn beispielsweise sind Minimalpunkte $\widehat{x}^\ell$ der Relaxierungen am Rand von Teilboxen X^ℓ ausgeschlossen. Außerdem sind die Schranken $\widehat{v}^\ell$ üblicherweise viel schlechter als bei αBB-Relaxierungen. Dadurch steigt einerseits die Anzahl der nötigen Iterationen im Vergleich zu αBB-Relaxierungen, wegen der schnellen Minimierung der relaxierten Probleme ist die CPU-Zeit pro Iteration allerdings auch erheblich kürzer. Welcher Effekt überwiegt, ist problemabhängig. Schließlich ist die Verallgemeinerung des vorgestellten Ansatzes auf den Fall $n > 1$ nicht offensichtlich.

Anstelle von Lipschitz-Stetigkeit existieren als verfeinerte Möglichkeiten, die Steigungsinformation der zugrunde liegenden Funktion auszunutzen, etwa *zentrische Formen*, *Neumaier-Unterschätzer* sowie ihre Kombination, die *Kites*. Details hierzu finden sich beispielsweise in [27]. Allgemeine Einführungen in das Gebiet der Lipschitz-Optimierung geben [19] und [20].

Literatur

1. Adjiman, C.S., Dallwig, S., Floudas, C.A., Neumaier, A.: A global optimization method, αBB, for general twice-differentiable constrained NLPs – I: Theoretical advances. Comput. Chem. Eng. **22**, 1137–1158 (1998)
2. Adjiman, C.S., Androulakis, I.P., Floudas, C.A.: A global optimization method, αBB, for general twice-differentiable constrained NLPs – II: Implementation and computational results. Comput. Chem. Eng. **22**, 1159–1179 (1998)
3. Alt, W.: Numerische Verfahren der konvexen, nichtglatten Optimierung. Teubner, Stuttgart (2004)
4. Bazaraa, M.S., Sherali, H.D., Shetty, C.M.: Nonlinear Programming. Wiley, New York (1993)
5. Clarke, F.H.: Optimization and Nonsmooth Analysis. Society for Industrial and Applied Mathematics, Philadelphia (1990)
6. Dür, M.: A class of problems where dual bounds beat underestimation bounds. J. Global. Optim. **22**, 49–57 (2002)
7. Dür, M.: Copositive programming – a survey. In: Diehl, M., Glineur, F., Jarlebring, E., Michiels, W. (Hrsg.) Recent Advances in Optimization and its Applications in Engineering, 3–20. Springer, Berlin (2010)
8. Fischer, G.: Lineare Algebra. SpringerSpektrum, Berlin (2014)
9. Floudas, C.A.: Deterministic Global Optimization. Kluwer, Dordrecht (2000)
10. Frank, M., Wolfe, P.: An algorithm for quadratic programming. Nav. Res. Logist. Q. **3**, 95–110 (1956)
11. Freund, R.W., Hoppe, R.H.W.: Stoer/Bulirsch: Numerische Mathematik 1. Springer, Berlin (2007)
12. Grant, M., Boyd, S., Ye, Y.: Disciplined Convex Programming. In: Liberti, L., Maculan, N. (Hrsg.) Global Optimization: From Theory to Implementation, S. 155–210. Springer, New York (2006)
13. Güler, O.: Foundations of Optimization. Springer, Berlin (2010)
14. Hales, T.: A proof of the Kepler conjecture. Ann. Math. **162**, 1065–1185 (2005)
15. Hansen, E., Walster, G.W.: Global Optimization Using Interval Analysis. Marcel Dekker Inc., New York (2004)
16. Heuser, H.: Lehrbuch der Analysis, Teil 2. Springer Vieweg, Wiesbaden (2008)
17. Heuser, H.: Lehrbuch der Analysis, Teil 1. Springer Vieweg, Wiesbaden (2009)
18. Hiriart-Urruty, J.-B., Lemaréchal, C.: Fundamentals of Convex Analysis. Springer, Berlin (2001)

© Der/die Autor(en), exklusiv lizenziert durch Springer-Verlag GmbH, DE, ein Teil von
Springer Nature 2021
O. Stein, *Grundzüge der Globalen Optimierung*,
https://doi.org/10.1007/978-3-662-62534-7

19. Horst, R., Pardalos, P.M. (Hrsg.): Handbook of Global Optimization. Springer, Boston (1995)
20. Horst, R., Tuy, H.: Global Optimization. Springer, Berlin (1996)
21. Jänich, K.: Lineare Algebra. Springer, Berlin (2008)
22. Jarre, F., Stoer, J.: Optimierung. Springer, Berlin (2004)
23. Jongen, H.Th., Meer, K., Triesch, E.: Optimization Theory. Kluwer, Dordrecht (2004)
24. Kelley Jr., J.E.: The cutting-plane method for solving convex programs. J. Soc. Ind. Appl. Math. **8**, 703–712 (1960)
25. Kirst, P., Stein, O., Steuermann, P.: Deterministic upper bounds for spatial branch-and-bound methods in global minimization with nonconvex constraints. TOP **23**, 591–616 (2015)
26. Nesterov, Y., Nemirovski, A.: A general approach to polynomial-time algorithms design for convex programming, Tech. report, Centr. Econ. and Math. Inst., USSR Acad. Sci., Moscow, USSR (1988)
27. Neumaier, A.: Interval Methods for Systems of Equations. Cambridge University Press, Cambridge (1990)
28. Nickel, S., Stein, O., Waldmann, K.-H.: Operations Research, 2. Aufl., SpringerGabler, Berlin (2014)
29. Reemtsen, R.: Lineare Optimierung. Shaker, Maastricht (2001)
30. Rockafellar, R.T.: Convex Analysis. Princeton University Press, Princeton (1970)
31. Stein, O.: Twice differentiable characterizations of convexity notions for functions on full dimensional convex sets. Schedae Informaticae **21**, 55–63 (2012)
32. Stein, O.: Gemischt-ganzzahlige Optimierung I und II. Vorlesungsskript, Karlsruher Institut für Technologie (KIT), Karlsruhe (2019)
33. Stein, O.: Grundzüge der Konvexen Analysis. SpringerSpektrum, Berlin (2021)
34. Stein, O.: Grundzüge der Nichtlinearen Optimierung, 2. Aufl., SpringerSpektrum, Berlin (2021)
35. Stein, O.: Grundzüge der Parametrischen Optimierung. SpringerSpektrum, Berlin (2021)
36. Stoer, J., Bulirsch, R.: Numerische Mathematik 2. Springer, Berlin (2005)
37. Vandenberghe, L., Boyd, S.: Semidefinite programming. SIAM Rev. **38**, 49–95 (1996)
38. Werner, J.: Numerische Mathematik II. Vieweg-Verlag, Braunschweig (1992)
39. Ziegler, G.: Lectures on Polytopes. Springer, New York (1995)

Stichwortverzeichnis

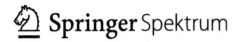

Printed in the United States
by Baker & Taylor Publisher Services